우주에서 온 암석

행성지질학자 아드리아나 오캄포

우주에서 온 암석

행성지질학자 아드리아나 오캄포

로렌 진 호핑 지음 | 한국여성과총 교육홍보출판위원회 옮김

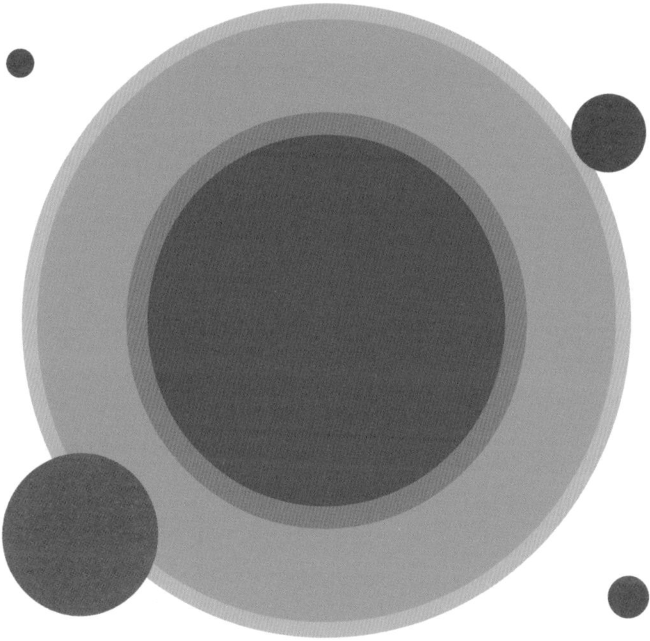

해나무

시리즈에 대하여

이 시리즈에 나오는 이야기는 실존 여성들과 그들의 탁월한 과학적 업적을 다루고 있다. 이 여성들 중 어떤 이들은 아주 어린 나이부터 과학자가 되고 싶다는 것을 알았고, 어떤 이들은 한참 후에야 깨달았다. 어떤 이들은 업적을 쌓아가는 과정에서 개인적·사회적 장애를 극복해야 했고, 어떤 이들은 좀 더 단순하고 순탄한 길을 따랐다.

배경과 살아온 이야기는 다르지만 여기에 나오는 비범한 여성들은 하나같이 중요한 신념을 갖고 있었다. 자기가 하는 일이 매우 중요하며, 그 일이 세상을 더 좋은 곳으로 만들 수 있다는 신념이다.

수많은 여타 전기물과 달리 이 시리즈는 현역에서 활동하는 과학자들의 삶의 연대기다. 이 여성들은 다양한 방식으로 이 책을 만드는 데 참여했다. 자신의 인생에서 중요한 세부 사항을 공유했고, 예시 자료로 쓸 수 있게 개인의 사사로운 사진들을 내놓았으며, 가족이나 친구, 동료들이 인터뷰에 응하도록 요청했고, 독자의 관심을 끌 수 있도록 자신의 전문성을 살려 과학적으로 설명해주었다.

이 시리즈는 새러 리 슈프Sara Lee Schupf와 미국 국립과학원의 전폭적인 도움이 없었다면 성사되지 못했을 것이다. 개인으로서나 조직으로서나 이들은 세상을 이해하려면 과학을 추구하는 게 중요하다는 신념으로 뭉쳐 있었다. 이들은 혁신적인 과학자가 된 지적 호기심이 많은 인물들의 이야기가 독자들에게 즐거움과 깨달음을 제공하기를 바란다. 그리고 이 이야기들이 비슷한 꿈을 좇는 재능 넘치는 이들에게 영감을 불어넣기를 희망한다. 과학 분야의 직업에 도전하는 것은 대단한 일이며, 나아가 그 보답은 훨씬 더 클 것이다.

차례

머리말

행성에 무사히 착륙하다!

아드리아나 오캄포는 늘 행성 탐사를 염원해왔다. 지질학자로서 암석과 협곡, 절벽에 호기심이 많았지만, 짜릿함을 느낄 만큼 그녀를 사로잡은 것은 바로 강한 충격으로 생긴 크레이터(운석구덩이)다.

6500만 년 전, 산만 한 크기의 우주 암석이 지구와 충돌해 거대한 운석구덩이, 즉 '운명의 크레이터Crater of Doom'가 만들어졌다. 이렇게 순식간에 발생한 충돌은 공룡을 포함해 지구 상의 거의 모든 생명체를 말살시키는 대재앙을 불러일으켰다. 아드리아나는 이 폭발 때 지구 곳곳으로 튕겨 나간 암석과 파편들을 찾고 있다.

한편, 그녀는 무인 우주선의 전자 눈을 이용하여 지구 이외의 다른 행성들을 탐구하는 중이다. 아드리아나는 십대 시절부터 미국항공우주국NASA에서 일했는데, 우주 탐사선 바이킹Viking이 화성 표면을 찍어 지구로 선명한 영상을 처음 전송했을 때 그녀는

맨 앞줄에 앉아 그 과정을 지켜볼 수 있었다. 이후 그녀는 목성의 위성인 유로파Europa에 생명체가 존재할 가능성이 있으므로, 갈릴레오Galileo 호에 그곳의 얼어붙은 지각을 자세히 들여다보라고 지시하기도 했다.

아드리아나의 과학 모험은 NASA에서 수천 킬로미터 떨어진 아르헨티나 부에노스아이레스 지붕에서부터 시작된다. 과연 아드리아나 오캄포는 어떻게 우주를 탐험하고자 하는 꿈을 이루어낼 수 있었을까?

아드리아나는 사람들이

다른 행성이나 별에 가게 될 것이라고 철석같이 믿었고

진심으로 자기도 그중 한 사람이 되길 희망했다.

중부 아르헨티나로 가족 여행을 갔을 때, 아드리아나는 소용돌이치는 물이 암벽에 부딪혀서 만들어진 물구멍에 매료되었다.

1장

꿈

아드리아나 오캄포는 이 순간을 오래 기다려 왔다. 사실 하루 종일 기다렸다. 몇 시간 동안 서류 작업을 하면서 흰색 유니폼을 입고 조용히 앉아 있었다. 이제 드디어 행동을 개시할 시간이다. 우주로 가는 임무가 막 시작되기 직전이다!

아드리아나는 빵에 캐러멜 잼을 얹어 먹고 커피에 우유를 섞은 카페콘레체café con leche를 꿀꺽꿀꺽 마신다. 그리고 서랍과 캐비닛에서 공구 몇 개를 빠르게 집어 든다.

아드리아나는 부조종사 타우로에게 외친다. “자, 타우로, 가자!” 타우로가 그녀의 뒤를 따르고, 그녀는 발사대가 있는 지붕 위 테라스 계단을 세 차례나 깡충깡충 뛰어넘는다. 우주선은 흰색이다. 오직, 그녀보다 크고 투명한 액체가 담긴 둥근 연료통만

아드리아나 오캄포는 첫 영성체 미사 때 흰색 옷을 입었다.

이 갈색이다. 사령관 아드리아나는 기밀 취급 인가를 받고는, 철제 난간을 풀어 우주선 안으로 들어간다. 우주 비행사 타우로도 그녀를 따라 우주선 안으로 들어간다. 반짝거리는 알루미늄 우주복을 입은 우주 비행사 후아니타는 이미 안전띠를 매고 앉아 있다.

아드리아나는 공구를 내려놓고 문을 닫은 후 빨간색, 검은색, 노란색 걸쇠로 문을 봉한 다음, 육안으로 관제실을 확인한다. 창문은커녕 들여다보는 구멍조차 없지만 아드리아나는 그렇게 하는 것을 더 좋아한다. 그래야 임무에 좀 더 집중할 수 있기 때문이다.

아드리아나는 사령관석에 앉으면서 큰 소리로 "모든 시스템 준비"라고 외친다. 시스템이 진행되자 동시에 스페인어로 카운트다운이 시작된다. 셋, 둘, 하나…… 불을 뿜으며 이륙한다! 아드리아나는 로켓 캡슐이 우주로 날아가는 것처럼 앞뒤로, 위아래로 몸을 흔들어댄다. 몇 초 만에 우주 비행사 세 명은 달을 향해 날아간다!

어떤 일이든 일어날 수 있다

지난번 임무 덕분에, 아드리아나는 우주 바깥에서는 어떤 일이든 일어날 수 있다는 것을 잘 알고 있다. 그래서 그녀는 다이얼과 훤히 빛나는 녹색 화면이 달린 작고 무거운 금속 상자 오실로스코프를 계속 주시한다. 아드리아나는 창문이 없는 우주 캡슐 밖의 움직임을 기기에 의존하여 모니터한다. 가느다란 녹색 선이 그리드 화면에서 위아래로 흔들린다. 파동이 안정적이고 진동수에 변화가 없음을 기록한다. 완벽하군!

아드리아나는 손을 뻗어 검은색 다이얼을 조정한다. 이때 파동의 진폭이 커지며 빠르게 움직이기 시작하고, 최고점과 최저점이 빠르게 화면을 가로지른다. 바깥에 무언가가 있는 것 같다!

아드리아나는 "이게 뭐지?"라며 크게 놀란다. 작은 모니터 장치인 전압계를 집어 들고 다이얼을 100만 분의 일인 0.000001에 맞춘다! 측정 가능한 가장 민감한 수치다. 아드리아나는 빨간색 버튼의 한쪽 와이어와 검은색 버튼의 다른 쪽 와이어를 만져본다. 바늘이 중간에서 멈추기 전에 왼쪽에서 오른쪽으로 휙 움직인다. 아드리아나는 이것이 의미하는 게 무엇인지 안다. 단 한 가지일 뿐이다. 바로, 소행성!

오실로스코프는 전기 신호를 측정한다('oscillate'는 규칙적으로 앞뒤로 흔들린다는 의미).

아드리아나는 이 소행성이 우주

에서 캡슐을 향해 날아오는 거대한 암석이라고 생각한다. 만약 부딪힌다면 세 명의 우주 비행사는 모두 끝장이다. 아드리아나는 타우로와 후아니타에게 꽉 붙잡으라고 외치면서 자신은 몸의 균형을 유지하려고 애쓴다. 그리고 캡슐의 경로를 급히 틀어 바꾼다. 간발의 차이로, 소행성은 캡슐에 해를 입히지 않고 지나가 우주 멀리 사라진다.

그녀가 상상한 대로

다시 예정된 코스로 돌아가 달에 우주선이 막 착륙한다. 아드리아나는 헬멧을 쓰고 통신 안테나를 조절한다. 타우로의 헬멧이 풀어져서 아드리아나는 말한다. "움직이지 마, 타우로!" 아드리아나는 타우로를 멈추게 한 후 헬멧의 끈을 조여준다.

그러고 나서 외친다. "준비!"

아드리아나는 문에 달린 금속 걸쇠를 풀고, 철제 난간을 풀어 문밖의 달을 향해 발걸음을 내딛는다. 아드리아나가 상상했던 그대로다. 무슨 일이 벌어질 것 같은, 암석과 둔덕이 있는 크레이터로 이루어진 으스스한 땅이다. 착륙 지점 근처의 달 거주 시설을 살펴본다. 커다란 둥근 유리 지붕은 달에 거주하는 사람들을 위한 숙소다. 작은 유리 지붕들은 산소를 만드는 실험실, 가축 외양간, 채소를 재배하는 온실 등이다. 달 탐사선은 바위투성이 표면 위를 언제라도 가로질러 움직일 수 있도록 잘 정렬되어 있다.

아드리아나는 승무원들에게 오늘의 임무가 사람들이 한 번도 가본 적이 없는 크레이터를 탐사하는 것이라고 알린다. 아드리아나와 타우로는 크레이터 가장자리까지 운전해간 후 걸어 내려가 암석을 수집하고 조사한다. 후아니타는 거주 시설에서 이런 임무를 모니터한다.

아드리아나는 캡슐에서 공구들을 챙기고, 탐사선을 골라 탄 후 크레이터를 향해 나아간다. 그녀는 늘 암석이나 크레이터 이상의 것을 만나리라 기대하며 공상을 펼쳐 나간다. 예를 들면, 다른 세계로부터 온 지적 생명체와 같은 것을 말이다.

만나게 되면 그들에게 말할 것, 또는 그들이 아드리아나에게 건넬 말을 생각해보기도 한다. 그들이 소통하는 방식을 생각해보기도 한다. 분명히 스페인어로 말할 것 같지는 않다.

외계인은 별과 별 사이를 여행할 수 있으므로 인간보다 더 똑똑할 것이다. 어쩌면 생각하는 것이 말하거나 쓰는 것보다 빠를지도 모른다. 텔레파시[Telepatía]! 그들 모두는 텔레파시를 이용한다! 아드리아나는 타우로와 크레이터 안으로 걸어 내려가면서 마음과 마음을 서로 직접 주고받는 모습을 상상해본다.

달에서는 시간이 빠르게 지나간다. 곧 해가 질 것이고 아드리아나는 서둘러 임무를 마치고 우주선으로 돌아온다. 이륙을 준비하는데 멀리서 그녀를 부르는 소리가 들린다.

"아드리아나! 아드리아나!"

공상에서 깨어나다

그 소리는 바로 엄마의 목소리! 아르헨티나의 늦은 오후 저녁 시간이다. 엄마는 계단으로 올라와 다시 그녀를 부르고, 타우로는 이에 응답해 짖어댄다. 아드리아나의 부조종사 타우로는 그녀의 강아지다. 갈색과 검은색 반점이 있는 흰색 폭스테리어 종이다. 아드리아나는 강아지가 쓴 작은 플라스틱 헬멧을 벗겨주고 조용히 하라고 말한 뒤, 파스타 면의 물기를 뺄 때 사용하는 소쿠리 헬멧을 벗는다. 헬멧의 안테나는 고기꼬치로 쓰는 막대다.

우주선, 달 거주 시설, 크레이터, 지적 생명체 등 모든 것이 아드리아나의 머릿속에서 점차 사라진다. 우주선은 쇠막대 위에 걸린 낡은 흰색 천으로 바뀌고, 갈색 연료통은 물탱크가 된다. 둥근 모양의 달 거주 시설, 산소 실험실, 외양간, 온실은 각각 거꾸로 놓인 사발, 페인트칠 된 병, 깡통, 받침접시, 냄비뚜껑 같은 주방 용품으로 돌아간다. 달 탐사선은 코르크와 전선으로 이뤄진 장난감들이고, 공구는 주걱, 클립, 그 밖에 엄마가 쓰는 주방 기구들이다.

아드리아나(흰 모자)가 지붕 위 테라스에 만든 달 거주 시설에 엄마, 언니, 동생과 앉아 있다. 그녀가 들고 있는 만화책은 삼촌을 위해 열정적인 발명가가 되어 돈도 많이 벌고 유명해지고 싶은 소년의 이야기를 담고 있다.

물론 달에서 수행했던 임무는 상상력이 아주 풍부한 소녀의 전형적인 놀이 활동이라 생각할 수 있다. 스페인어로 '어린 아드리아나'를 뜻하는 아드리아니타는 학교가 끝나면 매일 지붕 위 거주 시설에서 장난치며 노는 여덟 살 먹은 여자아이다. 때는 1960년대 중반, 오캄포 가족은 아르헨티나의 부에노스아이레스 인근의 연립주택에 살고 있었다.

아드리아나는 우주 비행사 후아니타를 집어 들어 우주선에 던져 넣는다. 후아니타는 콜롬비아에 사는 아드리아나의 대부 티오 리카르도 삼촌이 선물로 준 인형이다. 후아니타는 긴 연갈색 머리카락에 큰 눈을 갖고 있으며, 스코틀랜드 풍의 옷을 입고 있다.

아드리아나는 후아니타를 세워놓을 수가 없어서 알루미늄 포일로 자그마한 우주복을 만들었고, 플라스틱 사발로 작은 헬멧을 만든 다음 거기에 고기꼬치용 막대를 안테나 삼아 테이프로 붙였다. 후아니타는 인형이 아니라 우주 비행사였다.

아드리아나는 임무를 수행하려고 부엌에서뿐 아니라 아빠의 작업장에서도 물건 몇 가지를 빌려왔다. 아빠의 이름은 빅토르. 전기 기사로 일한다. 두세 가지 일을 병행하며 새벽부터 밤 11시까지 일을 했다. 아빠는 작업장에서 라디오 또는 텔레비전을 수선하거나 조립하는 방법을 사람들에게 가르쳤다. 작업장에는 전선, 튜브, 다이얼, 자석, 안테나, 전압계, 유리 진공관, 물체를 꽉 쥐는 다양한 색깔의 악어이빨 클립 등 신기한 부품들로 가득했다. 이런 부속품들을 우주 장비로 상상하는 건 그리 어려운 일이 아니었다!

아드리아나(엄마 앞에 서 있음)가 여덟 살 즈음이었을 때 오캄포 가족은 '사르미엔토'라 불리는 큰 배를 방문했다.

아드리아나는 특히 오실로스코프를 좋아했다. 아빠는 이것을 콘센트와 기계의 전기 신호를 측정하는 데 사용하지만 아드리아나에게는 우주 탐험에 꼭 필요한 도구가 됐다. 다이얼과 번쩍번쩍 빛나는 녹색 화면은 공상 과학 모험에 아주 안성맞춤이었다.

우리는 혼자가 아니야

아드리아나는 별을 보기 위해 테라스에 올라가곤 했다. 아드리아나는 남반구에서 가장 유명한 별자리 '남십자성Southern Cross'을 찾아낼 수 있고, 오리온자리Orion's belt에 있는 별 세 개도 알고 있다. 하지만 밤이면 밤마다 아드리아나는 엄청나게 많은 별에 정말 깜짝 놀랐다.

수백만 개의 불빛이 밤하늘을 수놓은 대도시에도 헤아릴 수 없이 많은 별이 떠 있었다.

아드리아나는 저 하늘 어딘가에 지적 생명체가 있다고 믿었다. 아빠는 자주 아드리아나에게 "우리는 우주에서 혼자가 아니다"라고 말해주었다. 그렇다. 우주에는 우리들만 있는 것이 아니다.

몇몇 아이는 이런 생각을 이상하다고 여겼기 때문에 아드리아나는 우주와 관련된 것 대부분을 마음속에만 담아놓았다. 열한 살인 언니 소니아는 지구에 너무나 문제가 많아서 우주 공간까지 걱정할 여력이 없다고 말했다. 언니는 존재하지도 않는 것들을 생각하느니 아프거나 가난한 사람들을 돕는 게 더 낫다고 생각했다.

아드리아나가 어쩔 수는 없다. 아드리아나는 모든 별을 쳐다보며 "저 밖에는 누가 살지?"라고 물었다.

물론, 아드리아나가 이런 질문을 던진 첫 번째 사람은 아니다. 그녀는 아이디어를 책에서 많이 얻었다. 매주 토요일 오캄포 가족은 순서를 정해 시나 책의 일부분 또는 직접 지은 글을 크게 소리 내어 읽곤 했다.

테라스에 혼자 있을 때 아드리아나는 타우로에게 책을 읽어주

아드리아나가 '세 명의 마리아the three Marias'라고 알고 있는, 일렬로 배열된 밝은 별 세 개는 오리온자리에서 쉽게 찾을 수 있다. 이 별들은 사냥꾼의 허리띠에 해당한다.

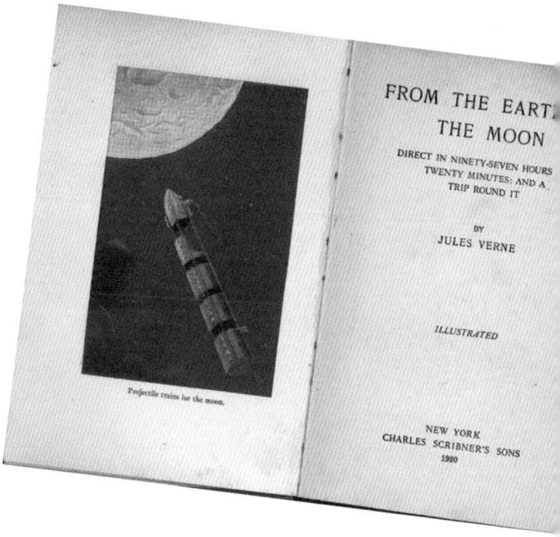

쥘 베른의 공상과학소설은 148개 언어로 번역되었다. 어린 시절 아드리아나는 스페인어로 그 소설을 읽었다. 사진은 1920년에 출판된 영문판 『지구에서 달까지』의 내부.

었다. 그녀가 좋아하는 작가 가운데 한 명은 쥘 베른Jules Verne이었다. 엄마는 아드리아나에게 『지구에서 달까지*From the Earth to the Moon*』라는 책을 주었다. 쥘 베른이 1865년에 쓴 책이다. 이 책의 주인공 미셸 아르당은 "20년도 채 안 돼서 지구 인구의 반이 달을 방문할 것"이라고 예언한 바 있다.

하지만 1960년대 중반까지 달에 발을 내딛기는커녕 아무도 지구 궤도를 벗어나지도 못했다. 그럼에도 아드리아나는 사람들이 달, 다른 행성, 별에 가게 될 것이라고 철석같이 믿었고, 진심으로 자기도 그중 한 사람이 되길 희망했다.

엄마와 아빠는 항상 꿈을 좇으라고 말했다. 아드리아나가 기억하는 한 그녀의 꿈은 우주 탐험이었다.

지네 꿈

어느 날 밤, 소니아와 아드리아나는 이층 침대에 누워 잠을 청한다. 아드리아나는 쉽게 잠이 들지 못한다. 항상 몸을 뒤척여 소니아의 신경을 건드린다. 갑자기 아드리아나의 머리에 어떤 이미지가 떠오른다. 새로운 종류의 달 탐사선이다!

아드리아나는 벌떡 일어나 침대에서 뛰어내려 연필과 종이를 쥔다. 머릿속에 있는 이미지가 사라지기 전에 부랴부랴 스케치를 시작한다. 종이에는 지네 한 마리가 형태를 갖추어가는데, 더 정확히 말하자면 다리가 여럿인 동물처럼 생긴 우주선이다.

그것은 여러 개의 유리 구체sphere가 있고, 각각은 튜브로 연결되며, 구체 안은 호흡할 수 있는 공기로 채워져 있다. 우주 비행사들은 튜브를 통해서 한 구체에서 다음 구체로 이동할 수 있다. 개별 구체의 바깥에는 양쪽에 하나씩 다리 두 개가 있는데, 지네가 움직이지 않을 때는 접고, 가야 할 때는 다시 내려놓는다.

우주선은 달 표면을 느릿느릿 기어다니지만 아드리아나는 여기서 끝내지 않는다. 기발한 아이디어가 떠오른다. 그녀는 각각의 구체가 주요 부위에서 분리되어 그 자체로 돌아다니게 하고 싶다. 그렇게 하면 두 명의 우주 비행사는 각자 출발해서 크레이터를 탐사하고 돌아와 지네 몸체와 다시 결합할 수 있다. 환상적이다!

호기심 많은 과학자와 똑똑한 기술자

아드리아나는 탐사선을 설계하고 테스트할 때는 자신을 기술자라고 여겼고, 마음속으로 달의 크레이터를 탐사할 때는 자신을 과학자라고 여겼다.

기술자와 과학자의 차이는 무엇일까? 이것을 생각해보는 방법 중 하나는 다음과 같다. 기술자는 인간을 달에 데려다줄 우주선을 설계하고, 과학자는 인간이 달에서 발견할 만한 것들이 무엇인지 알아내려고 한다.

과학이란 단어는 '지식'을 뜻하는 라틴어 '스키엔티아scientia'에서 유래한다. 그렇다면 과학자는 무엇을 알아내려고 하는가? 모든 것을 다 알고 싶어 한다. 과학자는 우주의 작동 원리를 연구한다. 질문을 던지고 실험과 관찰을 통해 데이터를 모으며 답을 찾으려고 노력한다. 과학은 호기심 그 자체를 의미한다.

기술자는 타고난 솜씨와 재주를 지닌 사람을 나타내고, '창의력이 뛰어난'이라는 단어와 관련이 있다. 기술자는 과학과 수학 지식을 발명, 설계, 시험, 건립, 개선하는 데 활용한다.

그렇다면. 어떤 것들을 대상으로 하는가? 주위를 살펴보자. 공학 기술은 자연에서 볼 수 없는 대상, 즉 건축물, 도로, 다리, 화학물질 그리고 온갖 기계 등을 포함한다.

아빠는 선생님이자 전기기술자였고, 세일즈맨이었다. 바쁜 와중에도, 아드리아나에게 롤러스케이트를 가르칠 시간을 꼭 내곤 했다. 아빠는 아드리아나에게 화학 세트와 케이스가 딸린 작은 망원경을 사줬고, 아드리아나는 이 두 선물을 소중히 다뤘다.

아드리아나는 이 놀라운 기계를 어떻게 만들지 생각한다. 머릿속에서 부엌 서랍과 캐비닛을 샅샅이 훑는다. 튜브는 아빠의 작업장에서 찾을 수 있다. 아빠! 아빠에게 그녀가 만든 지네를 보여주어야 한다. 옆방으로 달려가 아빠의 어깨를 톡톡 쳐보지만 아빠는 벌써 곯아떨어져 있다. 아드리아나는 아빠가 출근하기 위해 새벽에 일찍 일어나야 한다는 것을 알고 있지만, 그렇게 오래 기다릴 수가 없다.

"아빠!" 아드리아나가 부른다.

아빠는 몸을 돌려 일어나며 "아니타, 왜?"라며 졸린 목소리로 대답한다. 아니타는 아빠가 그녀에게 붙여준 별명이다. 아드리아나는 자기가 그린 그림을 자랑스레 보여준다. 아빠는 그 그림을 힐끗 보고 아주 잘 그렸다고 말하고는, 아침에 더 자세히 보겠다고 약속한다. '이렇게 조그만 아이가 어떻게 이런 것을 생각해냈을까?' 아빠는 의아해하며 다시 잠이 든다.

아드리아나는 탐사선을 만들어 테스트하고 싶어 더 이상 기다릴 수가 없다. 아드리아나는 '어떻게 다리를 접었다 폈다 하게 할 수 있을까?' '구체를 어떻게 뗐다 붙였다 할 수 있을까?' 등 알고 싶은 게 많다. 그래서 서투르게 머릿속으로 무언가 고치고, 상상하는 것을 잠시도 멈추지 않는다. 이 모든 것을 동시에 생각할 때도 있다. 어린 시절에 품었던 생각은 무엇을 발견하게 하기도 하고 위험에 빠트리게 할 수도 있다. 한 가지 생각은 꽤 치명적이었다.

아드리아나는 낙관적이었고,

항상 밝은 측면을 보는 사람이었다.

엄마는 아드리아나가 "강한 마음, 강한 의지, 강한 성격"을 가졌다고 말한다.

2장

위험한 생각

아드리아나 오캄포는 1955년 1월 5일 남아메리카 열대 국가 콜롬비아의 항구 도시 바랑키야에서 태어났다. 아드리아나가 태어난 지 일 년도 안 돼 아드리아나 가족은 엄마의 고향 아르헨티나로 거처를 옮겼다.

아드리아나가 네다섯 살이었던 어느 날, 아드리아나는 엄마가 파리 때문에 짜증 내는 소리를 들었다. 그녀에게 좋은 생각이 떠올랐다. 엄마는 아드리아나와 소니아에게 칼라 릴리를 먹으면 절대로 안 된다고 늘 말씀하셨다. 먹으면 죽는다고 말이다.

아드리아나는 그 꽃으로 사람을 죽일 수 있다면 파리도 죽일 수 있을 것이라고 생각했다. 그녀는 엄마를 위해 파리를 죽이는 칼라 살충제를 만들기로 했다. 그 꽃은 흰색 깔때기 모양의 꽃잎

아드리아나가 아직 어린아이
였을 때(엄마 손을 잡고 있음)
외할아버지 댁에 살았다.

한가운데에 오렌지색 덩어리가 있어 정원에서 금세 눈에 띄었다. 죽음을 부르는 독초이지만 겉모습은 아름다웠다. 아드리아나는 칼라를 한 움큼 꺾어 안뜰로 가져왔다. 그러고 나서 벽장, 서랍, 찬장을 뒤져 빈 병 하나를 찾아냈다. 아드리아나는 그 병의 뚜껑에 조그만 분무 장치가 달려 있어 그것을 누르면 그 안에 든 액체가 안개처럼 분사된다는 것을 알고 있었다. 완벽해!

아드리아나는 꽃줄기를 손으로 꺾었다. 병의 뚜껑을 열고는 흰색 독성 액체 방울을 병 안으로 집어넣었다. 많은 양은 아니었다. 아드리아나는 덤으로 병 안에 물과 소독용 알코올을 약간 넣어주었다. 그렇게 해야 했다.

아드리아나는 그 병을 들고 밖으로 나와서 파리가 앉기를 기다렸다. 한 마리가 앉았을 때, 분무기를 겨누어 뿌렸다. 명중! 안개 구름처럼 액체가 퍼지며 파리를 흠뻑 적셨고, 파리는 버둥거리며 맴돌다가 움직임을 멈추었다. 아드리아나가 만든 살충 스프레이가 제대로 작

칼라 릴리는 아름답지만 위험하다. 꽃에서 나오는 우윳빛 액즙에는 피부, 입, 입술, 목 등에 닿으면 화상과 함께 심하게 부풀어 오르게 하는 결정체가 함유되어 있다. 만약 삼키면, 운이 좋아야 극심한 위 통증으로 끝나고 최악의 경우 사망에 이르게 된다.

동한 것이다! 그녀는 "환상적이네!" 하고 외쳤다.

엄마가 무슨 일이 일어났는지 보러 밖으로 나오자, 아드리아나는 자랑스럽게 살충 스프레이를 보여주며 어떻게 만들었는지 설명했다. 엄마는 병을 빼앗고는 매우 위험한 짓이라며 아드리아나를 엄하게 꾸짖었다. 그러고 나서 "절대로 칼라 릴리를 건드리지 말 것"이라는 새로운 규율을 정했다.

소년과 소녀들

아드리아나는 혼자 노는 것을 좋아했지만 친구들과도 사이좋게 잘 지냈다. 그녀는 여자아이들이 대개 우주 탐험이나 크고 징그러운 장수투구벌레(아드리아나가 좋아하는 곤충)에 흥미가 없다는 것을 알고 있었다. 소니아와 새로 태어난 여동생 클라우디아도 마찬가지였다. 그래서인지 아드리아나는 주로 남자아이들과 놀았다.

아드리아나보다 몇 살 위인 두 명의 여자아이들은 예외였다. 아드리아나는 마법 양탄자 타기와 우주 탐험 이야기를 해주며 두 아이를 즐겁게 해주었다. 어느 날, 아드리아나는 두 아이에게 커서 무엇이 되고 싶으냐고 물어보았다. 모르겠다고 대답하자 아드리아나는 다시 물었다. 분명히 좋아하는 게 있을 것이다. 엄마와

콜롬비아 해군이었을 때, 빅토르 오캄포는 부에노스아이레스에 주둔했고 그곳에서 교사인 테레사 우리아를 만났다. 두 사람은 결혼해서 콜롬비아에서 몇 년 동안 살았다. 그러고 나서 아드리아나가 막 태어났을 때 아르헨티나로 이사 왔다.

아빠는 모든 사람에게 각자 맡은 바 임무가 있다고 늘 말해주었다.

마침내 한 아이가 앞으로 간호사가 될지도 모른다고 대답했다. 아드리아나는 "의사가 아니고?"라고 되물었다. 사실, 1960년대만 해도 의사는 대개 남성이었고 간호사는 대부분 여성이었다. 하지만 오캄포네 딸들은 원하는 것은 무엇이든 될 수 있다고 교육받았다. 부모는 성공하려고 노력하지 않는 게 문제라며, 여러 가지 사례를 이야기해주었다. 아르헨티나의 대통령이 된 가난한 농부 도밍고 사르미엔토Domingo Sarmiento 이야기도 있었다.

토머스 에디슨은 학교에서는 형편없는 아이였고 청력을 거의 잃었지만 훌륭한 발명가가 되었다. 독실한 천주교 신자인 아드리아나의 부모는 성공 사례로 종종 예수 그리스도를 지목하고는, 하찮은 목수가 오늘날 전 세계에서 숭배받는 인물이 되었다고 이야기했다.

아빠는 인생이 엘리베이터를 타는 것과 같다고 믿었다. 어떤 사람들은 닫힌 엘리베이터 안에서 아무것도 보지 못하며 급격히 올라가고, 또 어떤 사람들은 삶의 에스컬레이터를 이용한다고 세

딸에게 말하곤 했다. 그들은 매 단계마다 열심히 일하며 한 층 한 층 올라갔고, 삶이 부여하는 모든 것을 경험했다. 정점에 도달했을 때는 그렇게 올라갔기에 훨씬 더 부유해졌다.

학교 규율

아드리아나는 매 단계에서 열심히 일한다는 것의 의미를 이해했다. 특히 학교에 다닐 무렵에는 더욱 그러했다. 매일 아침 국기를 게양할 때 학생들은 줄을 지어 국가를 불렀다. 잘하는 학생들을 앞에 세우고 그 뒤에 아이들이 줄을 지어 섰다. 반에서 1등인 소니아는 기수였다. 아드리아나는 평균 성적을 받으려고 애쓰는 정도였다.

아드리아나는 똑똑했으나 반항적이었다. 잔소리 듣는 것을 싫어했다. 아르헨티나의 학교는 매우 엄격했다. 전교생이 옷 위에 흰 가운을 입었다. 선생님이 들어오면 학생들은 일어나서 "안녕

아드리아나가 중학교 때 여학생들은 모두 흰 가운을 입었다. 위에서 둘째 줄 오른쪽에서 네 번째가 아드리아나다.

하세요, 선생님"이라고 인사를 해야 했다. 질문을 받으면 학생들은 일어서서 대답해야 했고, 자기 차례가 아니면 아무도 말하지 않았다. 아드리아나는 자로 손을 맞아가며 그 규율을 힘들게 배웠다. 아드리아나에게는 쉬는 시간조차 감옥 같았다. 반장은 모든 학생을 알고 있었고 규율을 어길 때마다 일러바쳤다.

부에노스아이레스에서 어느 토요일 아침, 아드리아나와 언니 소니아는 승마를 했고, 점심 식사 후에 미래에서나 봄직한 플라네타륨을 방문했다. 밤하늘 쇼가 펼쳐지는 동안 아드리아나는 편하게 앉아서 별을 여행하는 꿈을 꿨다.

아드리아나는 모든 규율이 마음에 안 들었지만, 그것은 문제의 일부분에 불과했다. 그녀는 상상력이 풍부했다. 수업 시간은 끔찍하게 지루했고, 공상에 잠겨 지루함에서 벗어나고자 했다.

오히려 집에서 무언가를 배우는 것이 훨씬 더 재미있었다. 엄마 테레사는 전업주부가 되기 전에 몬테소리 학교에서 아이들을 가르쳤다. 몬테소리 교육 방식은 아이들이 스스로 생각하고 상상하며 발견하도록 하는 데 주안점을 둔다. 교사는 수업할 때 맨 앞에 서서 말하지 않는다. 학생들은 자기가 좋아하는 수학, 과학 또는 다른 분야의 과제를 골라서 원하는 만큼 하면 된다.

테레사는 매일 세 딸이 원하는 것을 만들거나 할 수 있도록 격려해주었다. 그들은 다 함께 노래를 만들거나 시를 썼고, 오페라를 듣고, 감자와 이쑤시개로 우스꽝스런 생물체를 만들었으며, 코르크로 만든 배를 띄우곤 했다.

아드리아나는 아빠의 작업장에서 라디오를 고치고 전기 회로를 연결하는 것을 배웠다. 그녀는 티오 산티아고 삼촌이 1955년형 올즈모빌 승용차를 고칠 때 도와주기도 했다. 부모님에게는 자동차가 없었기에 아드리아나를 처음으로 자동차에 태운 사람도 티오 산티아고 삼촌이었다. 아드리아나는 자동차 타는 것을 정말 좋아했다! 사실, 탈것이라면 다 좋아했다. 아드리아나는 달에 착륙했다 복귀하는 우주 왕복선을 포함해 각종 비행기의 설계도를 그리기도 했다. (우주 왕복선은 그 이후 10년 동안 발명되지 않았다!)

어느 날 아드리아나는 종이비행기를 테스트하기로 마음먹었다. 돌이켜보면 아주 위험한 테스트였다. 아드리아나와 타우로는 비행기를 쏘아 올리려고, 자기 딴에는 달의 거주 시설이라 여기는 지붕 꼭대기로 기어 올라갔다. 떨어질지도 모른다는 두려움 따위는 호기심을 당해내지 못했다. 다행히 이웃이 그것을 보고 그녀의 엄마를 불렀고, 테레사의 주의 깊은 감시 아래 아드리아나와 타우로는 무사히 지붕 꼭대기에서 내려올 수 있었다.

학교생활과 얼마나 대조적인가! 학교에서는 무엇을, 언제, 어떻게 공부해야 하는지 정해주었다. 정규 교육에 맞서는 아드리아나의 투쟁은 평생토록 지속된 도전 과제였다.

위험을 무릅쓴 이사

1960년대에는 아르헨티나의 경제 상황이 어려워지기 시작했고, 정치 상황이 불안정해졌다. 테레사와 빅토르는 앞으로 겪게 될 시련이 걱정되어 과감한 선택을 내렸다. 더 나은 직장을 찾아 빅토르가 수천 킬로미터 떨어진 미국으로 이사하기로 결정한 것

비센테 로페스 국립대학 부속 중학교 시절, 마리아 이사벨(왼쪽)은 제트기 조종사, 아드리아나(오른쪽)는 우주 비행사나 엔지니어가 되고 싶어 했다. 세 가지 모두 1960년대 후반 아르헨티나 여학생에게는 금지된 직종이었다.

이다. 일자리를 구하는 대로 테레사와 세 딸도 따라가기로 했다. 아드리아나가 만 열세 살이었던 1968년 9월, 빅토르는 캘리포니아의 로스엔젤레스로 건너갔다.

빅토르와 테레사는 가끔가다 몇 분씩 통화했으나 국제전화는 무척이나 비쌌다. 대신 오캄포 가족은 장문의 편지를 썼다. 아드리아나의 편지에는 세탁기를 어떻게 고치냐는 등 기술과 관련한 온갖 질문으로 넘쳐났다. 어렸을 적에는 "이것은 어떻게 작동해요?"라고 물었으나, 십대가 되자 "이것을 어떻게 고쳐요?" 하고 물었다.

아빠가 멀리 떨어져 있는 동안, 아드리아나는 4층짜리 갈색 벽돌 건물로 된 비센테 로페스Vicente López 국립대학 부속 중학교에 다녔다. 그곳은 아빠가 좋아하는 발명가의 스페인식 이름인 토마스 에디슨 거리에 있었다.

친구들이 학교생활에 적응하는 것을 걱정할 때 아드리아나는 좀 색다른 그녀만의 길을 가고 있었다. 가장 친한 친구 마리아 이사벨과 다른 여학생들은 머리를 길게 길렀지만 아드리아나는 짧은 머리를 하고 다녔다. 파격적인 모자와 무릎까지 오는 최신 버뮤다 반바지를 입었다. 심지어 가족 휴가 여행 때 입을 분홍빛 비키니도 샀다.

서서히 나타나는 기질

아드리아나는 7학년 때 과학, 수학, 지리, 역사, 정치, 필사, 작문, 문법, 프랑스어, 라틴어를 공부했다. 8학년으로 진급하려면 이 모든 수업을 통과해야 했다.

하지만 그러지 못했다. 1968년 12월, 아드리아나는 통과하지 못한 과목이 하나가 아니라는 사실을 알게 되었다. 지리와 역사가 문제였다.

선생님은 테레사에게 "학교 수업을 따라 가려면 따님은 더 많이 준비하고 더욱 노력해야 해요. 아드리아나는 너무 느려요."라고 말했다. 빅토르와 테레사는 잘 알고 있었다. 둘째 딸은 빅토르가 "서서히 나타나는 기질"이라고 즐겨 부르는 것을 지니고 있었다. 테레사는 아드리아나가 자기만의 방식으로 공부하고 싶어 한다는 점을 잘 알고 있었다. "아드리아나는 강한 정신, 강한 의지, 강한 성격을 가지고 있어요."라고 말했다.

열네 살이 되자 아드리아나는 서서히 나타난 강한 의지로 재시험을 준비하면서 여름 내내 공부했다. 같은 그룹의 학생들과 매년 함께 학교를 다녔는데 자신만 뒤쳐져 다른 반이 된다는 것은 상상조차 할 수 없었다. 다행히도 시험을 통과해 3월에 8학년으로 올라갔다. 아르헨티나에서는 3월에 새 학기가 시작된다.

8학년이 되면 모든 학생은 자기가 잘하는 과목과 재능이 무엇인지 알려주는 적성 시험을 쳐야 했다. 그 결과에 따라 그들이 다닐 고등학교가 결정되었다. 소니아는 우수한 성적으로 변호사와 의사를 양성하는 고등학교에 진학했다. 아드리아나는 숫자를 다루는 데 능하고 분석적인 기질을 가졌다는 결과가 나왔다. 즉, 큰 문제를 단계별로 나누어 해결할 만한 자질이 있다고 나왔다. 엔지니어에게는 최상의 재능이다. 아드리아나는 기술고등학교 진학을 간절히 바랐다. 그곳에 가면 기계와 건물의 설계 방법을 배울 것이다. 그녀가 재미 삼아 즐겁게 해왔던 것들이다. 하지만 안타깝게도 공학 기술은 남학생들만 공부할 수 있었다.

아드리아나는 상업전문학교로 배정되었다. 그녀는 기업에 들어오고 나가는 돈의 흐름을 어떻게 기입하는지 배웠다. 계속 반복해서 수작업으로 계산해야 하는 일이었다. 우주에 로켓을 쏘아 올리는 꿈을 지닌 소녀에게는 고문이나 마찬가지였다. 아드리아나는 수업이 정신을 마비시킨다고 생각했다! 아드리아나는 무언가 대책을 세워야겠다고 마음먹었다. 그러고는 NASA에 스페인어로 편지를 써서 보냈다. 거기서 우주 비행사로 일할 수 있는지 알아보기 위해서였다.

아드리아나에게는 우주 비행사가 나누는 대화가 스페인어든 영어든 러시아어든 상관이 없었다. 그들이 어른 남자이든 그녀가 십대 소녀이든 아무 상관이 없었다. 그게 뭐가 문제란 말인가? 그녀가 우주 비행사가 되고 싶다는데…….

몇 주가 지났다. 답장은 없었지만 아드리아나는 우주 탐사와 관련된 뉴스를 계속 눈여겨보았다.

달에 도착한 인류

1969년 6월 20일, 미국의 우주 비행사 닐 암스트롱Neil Armstrong과 버즈 올드린Buzz Aldrin이 달에 착륙했다! 근처에 TV가 있는 집은 오캄포 가족뿐이라서 아드리아나는 친구들을 집으로 불러 함께 역사적인 광경을 지켜보았다. 오래된 흑백 TV 세트는 작은 화

아드리아나는 TV에서 미국 우주비행사 버즈 올드린(아래)과 닐 암스트롱이 돌을 수집하고 달 표면에 실험 장치들을 설치하는 것을 보았다. 사진에서, 올드린 옆에 태양전지로 달의 지진을 감지하는 지진계가 있다.

위 삽입 사진 : 1969년, 열네 살의 아드리아나는 NASA가 특별 제작한 달 착륙 기념 우표를 받고는 잔뜩 흥분했다. **위 사진 :** 아폴로 11호 카메라는 최초로 달 크레이터를 근접 촬영했다. 달에 착륙함으로써 표면에 움푹 팬 구덩이들은 화산 활동이 아니라 소행성이나 혜성이 달에 충돌하면서 생겼다는 사실이 밝혀졌다.

면과 '토끼 귀'처럼 생겨 움직일 수 있는 실내 안테나가 있었는데, 그 당시만 해도 텔레비전은 부유한 극소수 사람들만 누리는 제품이었다.

자정 무렵 부에노스아이레스에서 아드리아나는 눈을 휘둥그렇게 뜨고 닐 암스트롱이 큼지막한 흰색 우주복을 입고 달착륙선 계단을 걸어 내려오는 것을 시청했다.

계단의 마지막 단에 도달한 암스트롱이 껑충 뛰어내렸다. 인류가 다른 세계에 첫 걸음을 내딛는 순간이었다.

아드리아나 입에서 짧게 "대단하네!"라는 말이 새어나왔다. 그녀가 즐겨 쓰는 말이었다. 엄마와 자매들이 잠자러 들어간 후에도 한참 동안 우주 비행사들이 탐사하는 모습을 지켜보았다. 여러 가지 놀라운 점도 있었지만 아드리아나가 상상했던 대로 암석과 크레이터들이 보였다. 하늘은 칠흙처럼 캄캄했고, 태양은 눈부시게 밝았다! 어디에나 먼지가 있었다.

아드리아나는 그 어느 때보다도 더 확고하게 우주 탐험가가 되고 싶었다. 몇 주가 지나면서 그녀의 꿈은 서서히 실현되기 시작했다. 처음에는 소포였고, 그다음에는 전화였다.

멀리 미국으로부터 온 것은 '미스 아드리아나 오캄포'를 수신인으로 한 소포였다. NASA가 보낸 것이다! 봉투를 열었더니 영어로 쓴 편지가 나왔다. 읽지는 못했다. 봉투 깊숙한 곳에서 또 한 가지, 특별 우표가 나왔다. 우표에는 미국의 우주 비행사 닐 암스트롱이 달에 위대한 첫발을 내딛는 장면이 실려 있었다.

그러고 나서 12월, 테레사는 빅토르로부터 전화 한 통을 받았다. 그는 자동차 공장에서 일자리를 구했다고 말했다. 식구들이 캘리포니아로 가기만 하면 되었다. 통화료가 너무 비싸 논의할 시간이 없었다. 말 그대로 2분 만에 아드리아나의 인생이 통째로 바뀐 것이다. 아드리아나는 조만간 달에 우주 비행사를 보낸 나라에 가서 살게 될 것이었다.

처음 겪은 진짜 모험

누구나 다 그렇게 생각하지는 않겠지만, 아드리아나는 처음으로 진정한 모험을 막 떠나려는 참이었다. 고등학교를 갓 졸업한 소니아는 이 세상 뉴스에 관심이 무척 많았다. 1960년대에는 로스앤젤레스를 비롯해 미국 여러 도시가 험악한 폭동에 휩싸여 있었다. 성난 군중이 점포를 부수고 불을 지르며 거리에서 서로를 공격했다. 이런 사태 때문에 소니아는 걱정이 정말 많았다.

티오 산티아고도 세 조카들의 안부를 걱정했다. 삼촌은 흐트러진 옷을 입고, 마약을 복용하고, 학교를 중퇴하는 히피 같은 젊은이들을 좋아하지 않았다.

빅토르는 가족들에게 편지를 썼다. 뉴스를 접한 사람들이 잘못된 생각을 할 수도 있지만, 실제로는 로스앤젤레스에서 행복한 가정을 꾸릴 수 있을 것이라고 했다. 아드리아나도 아빠처럼 항상 밝은 면을 보려고 하는 긍정적인 사람이었다.

소니아는 아드리아나와 아빠를 몽상가라고 여겼다. 소니아가 보기에는 둘 중에서 아드리아나가 좀 더 현실적이었다.

그렇다면 누구의 말이 옳은 것일까? 미국은 폭력이 난무하고 위험한 곳인가? 아니면 모험과 기회의 땅인가? 오캄포네 여자들은 그곳에 도착해서 겪어봐야 알게 될 것이었다. 부에노스아이레스에서 로스앤젤레스까지 이틀 간의 여정을 위해 테레사와 세 딸은 여행 가방을 쌌다.

아드리아나는 무엇을 싸고 무엇을 버릴지 생각해보았다. 물론 옷가지들은 필요했다. 아드리아나는 쥘 베른의 책들과 좋아하는 몇 가지 다른 것들을 여행 가방에 넣었다. 엄마는 아드리아나에게 생각과 아이디어와 시를 잔뜩 써놓은 노트를 가져가라고 권했다.

노트에는 다른 사람들과 즐겨 공유해왔던 명언도 모아놨다. 예컨대 이런 것들이다. “열심히 공부하자”, “좋은 태도를 지니자”, “문제를 직시하라” 등등. “선택할 수 있는 것”이라는 제목의 또 다른 페이지에는 아드리아나가 살아가면서 하고 싶은 것들의 목록이 적혀 있었다.

아드리아나는 조심스럽게 노트를 여행 가방에 넣었다. 희망어린 생각과 하늘을 찌를 듯한 꿈 덕분에 아드리아나 오캄포는 상상했던 것 이상으로 더 멀리 나아가고 있었다.

아폴로 17호가 플로리다주 케네디 우주센터에서

발사 준비를 마쳤다.

아드리아나 오캄포는 그 현장을 참관할 예정이었다.

원뿔처럼 생긴 아폴로 캡슐은 우주 비행사 세 명을 겨우 수용할 수 있었고, 마천루처럼 치솟은 새턴 5호 로켓 꼭대기에 있었다.

3장

미국항공우주국에 오신 것을 환영합니다

1969년 12월, 테레사 오캄포와 그녀의 세 딸 소니아, 아드리아나, 클라우디아는 미국 로스앤젤레스 국제공항에 도착했다. 아드리아나는 눈과 귀를 활짝 열어 모험의 매 순간을 마음속으로 빨아들였다. 사방에서 낯선 영어 소리가 들려왔고, 마치 길을 잃은 것 같았다. 국경수비대 직원이 미소를 지으며 말했다. "미국에 오신 것을 환영합니다!" 아드리아나는 그 말들을 알아들었고, 확실히 미국에 와 있다는 것을 실감했다.

빅토르 오캄포는 가족이 오후가 돼야 도착한다는 사실을 알았지만 하루 종일 공항에서 기다렸다. 아드리아나는 아빠를 발견하자마자 한걸음에 달려갔다. 오캄포네 가족들은 서로 껴안고 뽀뽀하며 눈물을 흘렸다. 아무도 말문을 열지 못했다. 그들은 일 년

아드리아나(앞줄 가운데)와 '우주 탐험대Space Explorers' 모임 회원들은 아폴로 17호의 야간 발사를 보기 전에 플로리다주 케네디 우주센터를 견학했다.

이상이나 떨어져 있었다.

빅토르는 그가 유일하게 소유하고 있던 1968년형 폭스바겐 '비틀'로 가족을 데리고 공항을 벗어났다. 혹 모양의 몸체와 밝은 빨간색 비틀 차는 커다란 무당벌레처럼 보였다. 어쨌든 아빠와 엄마, 세 딸 그리고 여행 가방들이 문 두 개 달린 소형차에 전부 들어갔다.

빅토르가 LA 고속도로를 달릴 때 아드리아나가 처음으로 입을 뗐다. "아빠, NASA가 어디에 있어요?" 빅토르가 미소를 지었다. 우주에 관심이 많은 딸은 별로 변하지 않았다.

흑인과 백인을 보다

오캄포 가족은 LA 동부에 있는 작은 아파트를 구했다. 스페인어권 이민자가 많이 사는 곳이었다. 이웃들은 대부분 멕시코와 중앙아메리카 출신이었다. 소니아는 그들이 모국어인 스페인어로 말하는 것을 좋아하지 않는다는 사실이 놀라웠다. 그들은 영어로 말하는 것을 자랑스러워했고, 아직 영어를 배우고 있는 오캄포네 딸들을 깔보았다.

선생님들의 말을 이해하지는 못했어도, 아드리아나는 쿠더헤이

Cudahy 중학교 3학년으로 들어갔다. 아드리아나는 검은 피부색의 아프리카계 미국인, 갈색 피부의 히스패닉, 그리고 창백한 피부의 백인들이 학교 식당에서 따로따로 앉아 밥 먹는 것을 보고 놀랐다. 마치 양말을 정리해 구분해 놓은 것 같았다. 왜 그러는지 전혀 알 수 없었다. 다른 인종에 대한 생각도 그녀에게 새로운 것이었다. 아르헨티나에 살 때는 까무잡잡한 피부를 가진, 스페인계와 인디언계가 섞인 한 명의 혼혈 소년만 알고 있었다. 아르헨티나 사람들은 거의 대부분 이탈리아, 독일, 스페인, 영국 등의 유럽계 후손들이었다.

1970년 LA에 이사한 직후, 아드리아나가 두 번째로 꼭 보고 싶어 했던 곳은 디즈니랜드였다(첫 번째 장소는 NASA였다). 테레사, 클라우디아(파란 옷), 소니아(빨간 옷) 옆에 서 있는 아드리아나는 분홍색 옷을 입고 있다.

아빠는 자주 이렇게 말했다. "너희는 미국에서 세계의 모든 얼굴을 볼 수 있단다." 이제 아드리아나는 아빠의 말이 어떤 의미인지 알게 되었다.

다른 것들은 그 밖에도 많았다. 수업 첫날, 아드리아나가 일어서서 선생님의 질문에 답했더니 모두들 웃어댔다. 아르헨티나에서는 친구들끼리 손을 잡거나 팔짱을 끼고 걸었다. 이곳에서는 그것이 그것으로 끝나지 않는다는 것을 이내 알게 되었다.

아드리아나는 이런 차이점들을 대개 무시했다. 그런데 어느 날, 한 학생이 원을 그릴 때 사용하는 컴퍼스의 날카로운 끝을 들어 무기처럼 흔들어대기 시작했다! 불과 몇 주일 전만 해도 아르헨티나에서는 경솔하게 이야기하는 것조차도 아주 불쾌한 일로 취급을 받았다. 그런데 이 아이는 사람을 찌르려고 위협하는 게 아닌가! 다행히 그 남학생은 누구를 찌르지 않았지만 아드리아나에게는 그 충격이 꽤 오래갔다.

장밋빛 패서디나

빅토르와 테레사는 LA 북쪽에 있는 도시 사우스패서디나South Pasadena로 이사 가기로 결정했다. 거리에는 깔끔한 일 층짜리 집과 푸르른 잔디, 예쁜 정원이 늘어서 있었다. 클라우디아는 그곳 초등학교에 다녔고, 소니아는 캘리포니아 주립대학교UCLA에 입학했다.

아드리아나는 사우스패서디나 고등학교 2학년으로 등교하기 시작했다. 테니스 코트, 스포츠 경기장, 강당, 과학 실험실, 작업장, 최신식 교실이 있는 고등학교였다. 바로 옆에는 오캄포 가족이 새로 다니기 시작한 '성가족 성당Holy Family Catholic Church'이 있었다.

아드리아나는 외국인 학생들과 함께 제2외국어 수업으로 영어를 신청했다. 기술(목공), 제도(설계), 자동차 정비 등은 남학생을 대상으로 한 수업이었지만, 아드리아나는 그 수업을 듣고 싶어 별도로 허락을 구했다. 아드리아나는 비록 엉터리 영어를 구사하는 유일한 여학생이었지만 무언가 만들고 고치는 것을 좋아했고 남학생들에 둘러싸여 있어도 편안함을 느꼈다. 그녀와 남학생들 사이의 차이는 중요하지 않았다.

그녀는 또래 친구들과 함께 패서디나 장미 퍼레이드 대회 때 사용할 꽃수레를 꾸몄다. 이 대회는 매년 1월 1일에 열리는 유명한 대회 중 하나였다. 수백만 송이의 장미꽃도 볼 만하지만, 그곳에서 그녀의 눈길을 사로잡았던 것은 따로 있었다. 패서디나는 캘리포니아 공과대학(칼텍)의 중심지로, 칼텍은 NASA 센터의 제트추진연구소Jet Propulsion Lab, JPL를 운영했다. 그 지역에 사는 것만으로도 아드리아나는 자신의 꿈인 우주 탐험에 한 걸음 다가서는 것이었다!

위 사진 : 아드리아나(오른쪽)는 사우스패서디나 자기 집 정원에 있는 꽃나무를 좋아했다. **아래 사진** : 아드리아나가 유화로 태양을 그리고 있다.

어느 날 몇몇 '우주 탐험대' 회원들이 그녀가 다니는 고등학교에 나타나기도 했다. 미국 보이 스카우트와 JPL은 '우주 탐사 포스트 509Space Exploration Post 509'를 만들어 14세~20세의 회원들을 모집했다. 아르헨티나의 기술학교와 남학생만 허용되는 사우스패서디나 고등학교의 수업과 달리, 여학생도 수업을 들을 수 있고 심지어 환영받기도 한다는 사실에 아드리아나는 무척이나 기뻤다.

어떻게 작동해요?

캠퍼스 위에 펼쳐진 대형 복합 건물 JPL에서 회의가 열리면 아빠가 운전해서 아드리아나를 데려다주었다. NASA 센터는 산 가브리엘 산맥의 사막 산기슭에 자리 잡고 있었고, 패서디나에서 20분 거리에 있었다. 그곳은 일반인의 출입을 금지했다. 회의는 JPL 설립자 중 한 사람의 이름을 딴 테오도르 폰 카르만Theodore von Kármán 강당에서만 열렸다.

아드리아나는 건물 안으로 들어서자마자 걸음을 멈췄다. 바로 눈앞에 펼쳐지는 장면이 믿기지 않았다. 그녀는 이상한 기계에 온 신경을 쏟았다. 그것은 한가운데에 기계 더미가 달려 있는 엄청난 크기의 천장 선풍기처럼 보였다. 표지판에는 "위성"이라고 쓰여 있었다. 아드리아나는 사진으로 본 실제 위성 바로 옆에 서 있었던 것이다!

JPL은 근로자 4000명 이상, 카페테리아 세 곳, 은행 및 병원 시설을 갖춘 소도시 정도의 규모를 갖추고 있었다.

말 한 마디 없이 아드리아나는 위성 주위를 걸어 다니며 요모조모 살펴보았다. 그녀는 날개처럼 생긴 태양 전지판 네 개 가운데 하나를 만져보았다. 태양에너지를 모아 전기로 바꾸는 장치라는 것을 그녀는 알고 있었다. 그런데 에너지를 저장하는 배터리는 어디에 있을까? 추진 시스템은? 우주에서는 그 기계를 앞으로 밀어내야 하는 무엇인가가 있어야 한다. 맨 위에 있는 상자 모양의 물체가 분명히 모터나 엔진일 거라고 생각했다. 아드리아나는 반동추진 엔진(조타 장치용 가스 분사)을 찾아보았고, 태양 전지판의 끝부분에서 작은 노즐을 발견했다.

아드리아나는 하얀 접시 모양의 라디오 안테나와 옛날 아르헨티나에서 자체 제작한 헬멧의 고기꼬치 막대와 흡사한 다른 안테나도 알아보았다. 이상하게 생긴 카메라 몇 대와 생전 처음 보는

제트추진연구소의 탄생

1940년대 초반 제2차 세계대전 중 테오도르 폰 카르만(아래)과 칼텍의 기술자들은 로켓 미사일을 설계하려고 연구소를 설립했다. 미사일에는 제트 엔진이 달렸다. 물체를 미는 힘을 제공하는 것은 추진 시스템이기에 이 시설에는 제트추진연구소 JPL 라는 이름이 붙었다. 그러나 이름을 그렇게 붙였지만, 우주 시대가 도래하면서 제트추진연구소는 그들의 주된 임무를 JPL 추진 시스템(로켓을 움직이게 하는 엔진)에서 로켓이 운반하는 탑재물(인공위성과 무인 우주선 등)로 전환했다. 최초로 성공한 미국 인공위성 '익스플로러 1'은 NASA가 창설되기 8개월 전인 1958년 1월 31일에 지구 궤도로 쏘아 올려졌다.

다른 기계들도 있었다.

아드리아나는 귓속말로 아빠에게 익숙한 질문을 던졌다. "어떻게 작동하나요?" 아빠는 그저 웃기만 했다. 그녀는 직접 알아보려고 했다. 1972년 봄부터 아드리아나는 폰 카르만 강당에서 매주 목요일 저녁에 진행하는 우주 탐사 포스트 509 회의에 참여하기 시작했다.

JPL

첫 회의에 참여한 다음, 아드리아나는 엄마에게 말했다. "이것이 바로 내가 하고 싶어 하는 일이야!" "이것"이란 항공우주공학을 의미했다. 포스트 509의 활동은 주로 항공우주공학 분야의 활동들이었다. 앞으로 몇 년 동안 그녀는 모델 로켓을 만들고, 로봇을 프로그래밍하며, 회로 기판을 만들 것이다. 또한 십대 청소년들은 포스트 509 신분증 배지를 달고 거대한 NASA 센터의 '출입 금지' 구역을 견학했다.

보안 문을 통과한 다음 중앙 잔디밭으로 향했는데, 그곳은 몇 블록에 걸쳐 깔끔하게 손질된 나무와 관목으로 둘러싸여 있었다. 잔디밭 주변의 시설들은 모두 사업체였고, 그곳은 고층 사무실, 첨단 기술 연구소, NASA 사무소, 우주 탐사 임무명을 딴 도로(매리너Mariner, 익스플로러Explorer, 서베이어Surveyor, 파이오니어Pioneer)로 이루어진 회색과 흰색의 정글 같았다.

그래도 도마뱀, 뱀, 미국너구리, 주머니쥐 등의 야생동물들이 언뜻언뜻 보이기도 했다. 중앙 잔디밭에는 익살맞게 큰 귀를 지닌 소형 사슴 종류인 노새사슴이 살고 있었다. 가끔가다 확성기로 퓨마 또는 코요테가 보인다는 경고 방송이 나오기도 했다. 야생동물이 이렇게 행복하게 지내는 것을 보니 JPL은 사람에게도 일하기 좋은 장소일 것이다.

JPL에서 아드리아나는 매리너 9호 같은 무인 우주선이 어떤 방법으로 태양계를 탐험하는지 알게 되었다. 무인 우주선은 별을 보고 항해하고, 날개같이 생긴 태양 전지판으로 태양 에너지를 모으며, 가스를 분사하는 방식으로 조종하고, 무선 위성 안테나와 다른 안테나로 기지와 교신한다. 우주선 장치는 행성이나 위성에서 동력이 다 떨어질 때까지 데이터를 수집한다.

아드리아나는 곧 JPL이 왜 그렇게 넓은지 그 이유를 알게 되었다. 모든 우주선의 비행 이면에는 수백 명의 사람이 관련되어 있었기 때문이었다. 5월에 '우주 탐험대' 회원들은 빌딩 264의 우주 비행 조종 시설Space Flight Operations Facility, SFOF을 견학했다. SFOF는 무인 우주선 통제 센터를 말하며, 태양계를 가로질러 지나가며 데이터와 이미지를 지구로 전송하는 장비를 갖춘 곳이다.

아드리아나는 파이오니어 10호가 목성을 향해 갈 것이고, 이것은 지구에서 만든 물체가 처음으로 소행성대를 통과하는 것이라고 배웠다. 어느 누구도 우주 암석의 띠를 과연 안전하게 통과할 수 있을지 알지 못했다. (파이오니어 10호는 통과했다.) 매리너 9호는 화성 주위를 돌면서, 여태껏 가장 선명한 화성 이미지를 지구로 보내고 있었다. 이런 우주 탐사 임무에서 공학 전문가로 활동한 마이크 카이저만은 곧 포스트 509의 수석 고문이 되었다.

인간이 본 우주

JPL에서 진행한 무인 우주선 탐사 임무는 대부분 대단한 성공을 이루었지만 대중의 주목을 받지는 못했다. 아폴로 11호처럼 사람이 탑승한 달 착륙 우주 비행은 전 세계적인 관심을 이끌었지만 말이다. 위업 이후에 네 번의 달 착륙과 한 번의 거의 치명적일 뻔한 사고가 뒤따랐다. 1972년 12월, 지금 시점으로 보면 그때는 인간이 달로 가는 마지막 우주 비행을 막 시작하려던 때였다. 아폴로 17호는 플로리다주 케네디 우주센터에서 발사 준비를 마쳤다. 아드리아나 오캄포는 그 현장을 참관할 예정이었다.

포스트 509는 자동차 세차와 복권 판매로 국토 횡단 여행 기금을 마련했다. 마이크 카이저만과 다른 고문들도 기부금 모금에 격려를 아끼지 않았다. 마이크는 여름 내내 십대 청소년을 대상으로 한 '워크 프로그램work program'을 시작했으며 아드리아나와 '우주 탐험대' 회원들은 최저 임금에서 조금 웃도는 돈을 받으며 JPL에서 일했다.

플로리다로 돌아가던 중에 그들은 텍사스주 휴스턴에 들러

케네디 우주 센터에서 마이크 카이저만(분홍색 셔츠에 무릎을 구부린 사람)의 눈에 포스트 509 팀원들은 모두 "구름 위를 떠다니는" 것처럼 보였다. "그들은 마음이 활짝 열려 있었고, 더 빨리 배우고 싶어 했다." 노란색 스웨터를 입은 아드리아나는 마이크 카이저만의 뒤쪽 왼편에 있다.

NASA의 유인 우주 센터Manned Spacecraft Center를 방문했다. 우주 비행사들을 훈련시키고 우주선을 관리하는 그곳은 이듬해인 1973년에 존슨 우주 센터Johnson Space Center로 개명되었다. 아드리아나는 기술자들이 아폴로 13호 캡슐을 테스트하면서 무엇이 잘못되었는지 확인하는 모습을 보고는 무척 매료되었다.

1970년에 아폴로 13호의 우주 비행사 세 명은 폭발 사고가 발생한 후 간신히 지구로 귀환했다. 그 사고로 "휴스턴, 문제가 생겼다."라는 친숙한 대사가 만들어졌다.

드디어 12월 6일 저녁이 되었다. 아드리아나는 케네디 우주 센터의 발사대 39A로부터 몇 킬로미터 떨어진 곳에 앉아 있었다.

'우주 탐험대' 회원들은 아폴로 17호 발사 장면을 보려고 플로리다로 몰려든 70만 명의 참관인 무리에 속했다. 사람들은 텐트를 챙기거나 픽업트럭, 트레일러를 끌고 도로, 해변, 들판, 주차장을 찾았다. '우주 탐험대' 회원들은 바나나 강을 따라 후미진 곳에 자리를 잡았다.

잘 가라, 아폴로

마지막 달 탐사라는 것 외에도 아폴로 17호는 잭 슈미트Jack Schmitt라는 칼텍의 지질학자를 포함시킨 유일한 우주 탐사였다. 로켓 프로젝트를 경험해본 결과, 아드리아나는 잭과 두 명의 동료 승무원이 폭탄 위에 앉는다는 것을 알고 있었다. 즉, 그들은 NASA의 가장 크고 강력한 새턴 5호 로켓 말단의 비좁은 원뿔 모양의 캡슐 안에 들어갔다. 작은 캡슐을 궤도에 진입시키려면 새턴 5호가 지구를 들썩일 만큼의 힘으로 폭탄처럼 폭발하듯 발사되어야 했다.

또한 아폴로 17호는 유일하게 밤에 발사되었는데, 고온고압 가스를 분출시키는 과정이 세심하게 통제되겠지만 가히 충격적일 것이 분명했다. 카운트다운은 이륙하기 두 시간 전에 시작되어 저녁 내내 순조롭게 지나갔다. 그러다가 저녁 9시 53분, 발사 60초

불타오르는 듯한 야간 발사 후 아폴로 17호는 5일 동안 달을 향해 나아갔다. 달 착륙은 성공적이었지만 NASA는 비용이 과도하고 대중의 관심이 사그라지자 이후 달 탐사 계획을 없애버렸다.

를 남겨놓고 카운트다운을 멈췄다. 막강한 새턴 5호의 엔진이 꺼졌다. 아드리아나는 그 이유를 몰랐지만 매우 이례적이라는 일이라는 사실은 알았다. 이륙 직전에 이런 일이 일어난 적은 없었다.

기술자들이 문제를 해결하는 과정에서 문제의 원인이 '컴퓨터 고장'으로 밝혀졌고, 조바심 나는 두 시간이 흘렀다. '우주 탐험대' 회원들은 발사를 보려고 캘리포니아로부터 그 먼 길을 달려왔는데, 이제 우주 탐사 임무가 폐지될까 봐 걱정하는 처지가 되었다.

마침내 오전 12시 33분에 새턴 5호가 솟아올랐다. 아드리아나는 그것이 마치 횃불처럼 피어오르는 것 같다고 생각했다. 그 순간 밤하늘은 플로리다의 햇살처럼 밝아졌고, 아드리아나는 몸 전체가 진동하는 것을 느꼈다. 발사대를 떠난 로켓이 힘껏 위로 솟구쳐 올라갈 때 충격파 때문에 가슴에 압박을 받았다. 800미터가량 되는 밝은 오렌지색 꼬리가 밤하늘로 치솟았다.

아폴로 17호 우주 비행사들은 달을 향해 가고 있었고, 아드리아나는 구름 위에 있었다! 아드리아나는 꿈이 실현된 이 마법 같은 순간을 평생토록 기억하게 될 것이다. 아폴로의 시대는 끝났을지언정 '우주 탐험대'로서 아드리아나의 모험은 이제 막 시작되었다. 아드리아나는 1973년 6월 25일을 바로 그 출발일로 기억에 새겨놓았다.

아드리아나는 열여덟 살 때,

전자공학과 컴퓨터 실력에 힘입어

자신이 완벽한 시간에

완벽한 장소에 있다는 것을 알았다.

아드리아나는 영어를 배워가면서, 제때에 사우스패서디나 고등학교를 졸업하려면 더 열심히 공부해야 했다.

4장

진정한 엔지니어

아폴로 호의 임무가 역사책 속으로 들어갈 무렵, JPL의 무인 우주선이 대중의 큰 관심을 끌었다. 1970년대 초반, NASA 센터는 4000명의 직원을 거느릴 만큼 커졌다. 하지만 고위직 1405명 가운데 단지 14명만 여성이었고, 아드리아나처럼 라틴아메리카 또는 소수 민족 출신은 68명이었다. 동등한 권리를 요구하는 목소리는 최고조에 달했고, JPL은 좀 더 다양한 인재를 채용하려고 했다. 1973년 여름에는 마이크 카이저만이 주관하는 십대 청소년을 위한 포스트 509 프로그램이 확대되었다.

아드리아나는 열여덟 살 때, 전자공학과 컴퓨터 실력에 힘입어 자신이 완벽한 시간에 완벽한 장소에 있다는 것을 알았다. 그녀는 사우스패서디나 고등학교를 졸업하자마자, 1973년 6월 25일

빅토르와 테레사는 아드리아나의 열여덟 살 생일 선물로 소형 중고차를 사주었고, 아드리아나는 엄마에게 운전하는 법을 가르쳐주었다.

JPL에서 정규직 일자리를 얻었다.

여전히 포스트 509 프로그램이 진행 중이었지만, 아드리아나에게는 사진이 있는 신분증, 책상, 의자, 직함이 생겼다. 그녀는 VLBI Very Long Baseline Interferometry라는 전파천문학 프로젝트에서 기술 보좌관으로서의 경력을 시작했다. 아이디어는 간단했다. 귀가 클수록 청력이 좋다는 것이다. 행성 위의 거대한 위성 안테나는 별들이 자체적으로 내는 전파를 수집한다. VLBI는 많은 위성 안테나를 무선 전신을 이용해 궤도를 도는 하나의 안테나에 연결했다. 이 시스템은 별이 내는 소리를 듣는 지구 크기의 '귀'처럼 작동했다.

대학 최고의 학위인 박사학위를 가진 어른들 사이에서 십대 소녀 아드리아나의 역할은 미미했다. 그녀는 전파를 수집하고 추적하는 일을 도왔다. 그녀는 많은 것을 배우고 있었지만, JPL에서 더 발전하려면 학사학위가 필요했다. 그래서 아드리아나는 2년제 전문대학 패서디나 시티 칼리지Pasadena City College의 시간제 학점 교육 과정에 등록했다.

오토바이 유지 보수

대학 수업을 듣고, JPL에서 일하고, 포스트 509 활동을 하고, 그리고 집까지 오가기 위해, 아드리아나는 검은색 카르만 기아 Karmann Ghia 차를 몰았다. 이 유럽형 소형차는 부모가 사준 선물이었지만 고장이 너무 잦았다. 그러나 아드리아나는 긍정적으로 생각했다. 그녀는 불평하는 기색 없이 친구에게 말했다. “차 덕분에 자동차 정비 기술을 많이 배웠어.”

그래도 예비용 차량이 필요했다. 그녀는 JPL에서 발행하는 신문 〈유니버스*The Universe*〉의 광고를 보고 오토바이를 50달러에 구입했다. 그 가격에 호화로운 기종을 기대하지는 않았지만 그녀가 받은 것은 오토바이 차체와 상자 하나였다. 상자 안에는 모터와 여러 부품이 있었고, 아드리아나는 그것들을 간신히 조립했다.

그녀는 오토바이 정비, 수업, 무선 신호 수집 등으로 매우 바빴지만, 간혹가다 한가로운 저녁을 보내기도 했다. 아드리아나와 소니아는 칼텍Caltech이 주최하는 행사에

패서디나에서 아드리아나는 계속 승마를 했다. 아드리아나는 승마를 아르헨티나 시절에 정부가 지원하는 스포츠클럽에서 배웠다.

여러 차례 참석했다. 공과대학에는 남자가 훨씬 많았고, 남미 출신 자매는 남학생들의 관심을 한몸에 받았다. 아드리아나는 지적인 대화를 나눌 수 있는 남자에게 매력을 느꼈으므로 그곳은 아주 적당한 장소였다. 그녀는 하키를 좋아하는 화학자와 수학자, 이렇게 똑똑한 남자 두 명을 만났지만 어느 누구도 진지하게 생각하지는 않았다.

한편으로, 그녀는 포스트 509 활동을 하면서 평생의 친구들을 만들어가고 있었다. 패트릭 레이어만Patrick Rayermann이라는 아이는 날짜와 이름을 기억하는 데 놀라운 재능을 보였다. 스콧 페이스Scott Pace라는 신입 회원은 아드리아나를 클럽의 선배로 대우해 주었다.

그들은 모두 포스트 509의 첫 번째 실제 엔지니어링 프로젝트인 기상 관측소에서 일하고 있었다. 물론 아드리아나는 NASA의 어떤 것도 그렇게 간단하고 직설적인 이름이 없다는 것을 빨리 알게 되었다. 프로젝트, 건물, 직책 및 장비에는 모두 코드 같은 약어가 사용되었다. NASA 자체가 미국항공우주국의 약어다.

기상 관측소는 공식 명칭이 환경 감시 복합 단지EMC였다. EMC는 JPL 방문객 주차장 모퉁이에 세워진 대형 트레일러로 가득 찼다. 팻 레이어만Pat Rayermann은 NASA의 회색 건물이 "역겨운 핑크색" 같다고 생각했지만 '우주 탐험대' 회원들은 자기 사무실과 작업장을 갖게 되어 신이 났다.

EMC 트레일러 바깥쪽은 우중충해 보였다. 아드리아나와 포스트 509 동료 팻 레이어만은 트레일러 내부를 연노란색으로 칠했다.

그것은 '복합 단지'로 불릴 만한 그럴듯한 이유가 있었다. 이 프로젝트에는 시설(트레일러), 자금 및 필수품, 감지 장치(데이터 수집 및 전송 장치), 전자 장치, 프로그래밍, 응용프로그램(데이터 용도 찾기), 문서화(보고서) 등 일곱 개의 위원회가 있었다. 위원회의 보직은 빠르게 채워졌지만 1973년 9월 EMC 프로젝트를 맡았던 십대 팀장과 부팀장이 그만두었다. 누군가는 명령을 내리고, 위원회를 감독하고, 프로젝트가 정해진 시간과 예산으로 진행되는지 확인해야 했다.

누구? 내가? 팀장을?

지도교수 마이크 카이저만은 본 카르만 강당에서 열린 포스트 509 회의 때 아드리아나가 뒤쪽에 조용히 앉아 있는 것을 보았다. 아폴로 17호를 참관했던 12월 이전부터 그는 아드리아나를 잘 알고 있었다. 그녀는 나이에 비해 성숙했고, 수줍게 감미로운 미소를 짓는 매력적인 소녀로 인상에 남아 있었다. 마이크는 아드리아나에게 "팀워크 개념이 잘 형성돼 있다는 것"을 간파했다. 그녀는 다른 문화권 출신이었지만 동료들과 잘 융합했다.

마이크는 EMC 프로젝트의 리더 역할이 아드리아나의 재능을 끌어내는 데 도움이 된다고 생각했다. 그는 이런 생각을 그녀에게 귀띔해주었다.

아드리아나는 당황했다. 그녀는 자신을 지도자감이라고 생각하지 않았다. "다른 사람이 더 잘할 텐데요."라고 속삭이듯 대답했다. 마이크는 혹시라도 그 일이 잘되지 않으면 다른 직무로 바

왼쪽 사진 : 지도교수 마이크 카이저만은 아드리아나가 리더의 자질을 가졌다고 확신했다. **오른쪽 사진** : 아드리아나는 다른 십대 친구들이 실제 위성 및 NASA 기술과 관련된 우주 프로젝트를 위해 포스트 509에 참여하리라고 믿어 의심치 않았다.

EMC 팀은 거대한 무선 안테나에 날씨 감지 장치를 설치했다. 온도, 풍속 등의 날씨 정보는 자동으로 EMC 트레일러에 전송된다.

꿔줄 수 있다고 말해주었다. "손해 볼 것도 없는데, 한번 해보는 거야."

아드리아나는 지도교수의 말이 옳다고 생각했다. 잃을 것보다는 얻을 것이 훨씬 더 많았다. 그녀는 불안했지만 그러겠다고 했다.

EMC는 세 가지 목표를 세웠다. 하나하나가 지난번 것보다 도전적인 과제였다. 첫째, 온도, 풍속 등을 측정하기 위한 자동 기상 관측소Automatic Real-time Meteorological Subsystem, ARMS였다. ARMS는 아드리아나가 담당자였을 때 순조롭게 진행되었다. 둘째는 이미지 자동 송수신 서브시스템Automatic Picture Transmission Receiving Subsystem, APTRSS이다. 사진을 찍으면서 동시에 위성에서 수신되는 날씨 이미지를 표시하는 것이다. 셋째는 ISMSInstrumented Smog Monitoring Subsystem인데, 도시의 악명 높은 대기오염을 측정하는 시스템이다.

모든 것이 잘 진행된다면 감지 장치는 JPL 뒤쪽 야트막한 산 메사mesa에서 날씨 정보와 스모그 데이터를 수집하게 될 것이다. 무선 안테나는 데이터를 EMC 트레일러로 전송하고, 컴퓨터는 다른 컴퓨터가 접근할 수 있도록 로컬 데이터와 위성 데이터를 결합해 처리하고 저장한다. 개인 컴퓨터는 1970년대 말까지 발명되지 않았으므로 컴퓨터부터 만들어야 했다.

아드리아나 팀은 JPL의 책임자 윌리엄 피커링William Pickering에게 그들의 계획을 발표했고, 세 가지 목표를 모두 달성할 수 있다고 설득했다. 최종 발표는 6개월 후에 예정되어 있었다. 심사를 통과하지 못하면 모든 지원금이 삭감되고 EMC 프로젝트는 중단될 터였다. 이것은 수백만 달러가 드는 우주선 임무를 비롯해, 모든 JPL 프로젝트에 적용되는 규정이었다.

상대방을 배려하는 소통

11월 애리조나로 지질학 현장 학습을 갔을 때 아드리아나는 팻 레이어만에게 부팀장을 맡아달라고 부탁했다. 그는 이미 기록 담당 업무를 맡고 있었지만 흔쾌히 받아들였다.

JPL로 돌아와 아드리아나와 팻은 함께 일을 해나갔다. 팻은 자신의 파트너가 "사람 자체는 물론 그 사람이 한 일을 가지고 기분을 좋게 만드는" 능력이 탁월하다며 찬사를 보냈다. 그는 아드리아나가 압박이라고 느끼지 않게 사람들에게 명령한다는 점을 높게 샀다. 그는 이것을 '상대방을 배려하는 소통'이라고 불렀다.

EMC 트레일러 안에서 팻 레이어만이 ARMS가 보내오는 무선 신호를 청취한다. ARMS는 소형 스크린에 신호의 파장 패턴을 보여주는 오실로스코프를 포함한다.

스콧 페이스도 아드리아나를 좋게 평가했다. 그는 십대 엔지니어들이 "사회에서 곧바로 써먹을 만한 최고의 기술을 보유하고 있지는 않다"는 점을 알고 있었다. 팻과 마찬가지로 스콧도 아드리아나가 누군가에게 "이 일을 하면 정말 좋을 것 같아."라고 말하면 그 사람이 맡은 일을 해내는 것을 보고 깜짝 놀랐다.

그녀의 화사한 태도와 부드러운 스페인 억양이 도움이 되었다. 팀원 사이에 의견이 갈려 논쟁을 벌일 때 차분하게 분위기를 가라앉히는 효과가 있었다. 또한 그녀는 자신이 하는 일을 정확히 알고 있었다. 사람들은 그녀의 판단을 신뢰했고, 그녀가 내린 결정을 존중했다.

빠듯한 예산, 무리한 요구, 부족한 시간 때문에, 일을 성공시키려면 모든 사람의 업무가 중요했다. 조 쿠룸베Joe Coulombe와 그레

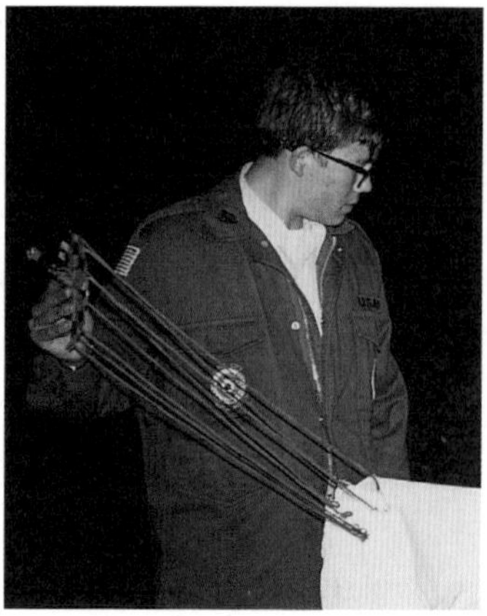

스콧 페이스는 포스트 509의 두 번째 대형 프로젝트를 위해 낙하산을 설계하고 재봉하여 거대한 열기구를 띄웠다. 그 열기구는 날씨 감지 장치를 16킬로미터 이상 높이 옮긴 후 터졌다. 스콧의 낙하산은 발사 지점으로부터 16~24킬로미터 떨어진 지점에서 감지 장치를 다시 지구 쪽으로 띄웠다.

그 스타크Greg Stark는 조의 차고에 모여 즐겁게 전자 회로 조립 작업을 하곤 했다. 몇몇 회로는 프로그램이 가능한 컴퓨터 '두뇌'였다. 도린 레인Doreen Lane은 다른 회로를 사용해 기상 감지 장치를 만들었다. 도린이 만든 측우기, 집진기, 기압계는 데이터를 자동으로 무선 안테나에 공급했다. 도린은 바람, 온도, 습도 감지 장치를 연구하고 있었다.

프로그래밍 팀은 비용을 적게 들이며 데이터를 컴퓨터 코드에 저장하는 방법을 알아냈다. 종이를 사용했던 것이다! 기계는 가늘고 길쭉한 구멍을 다음과 같이 뚫었다. 구멍, 구멍 없음, 구멍 없음, 구멍, 구멍 없음, 구멍 없음, 구멍 없음. 컴퓨터는 그 단순한 패턴을 번호 72의 컴퓨터 코드인 1001000으로 해독했다.

모든 소리에 귀 기울이다

모두들 자신감과 아이디어가 충만했다. 그러던 어느 날 전자 장치 분야 위원회의 핵심 멤버가 일을 그만두었다. 아드리아나를 포함하여 모두 화가 났다. "어떻게 그만둘 수 있죠? 담당 부품을 조립할 줄 아는 사람은 그밖에 없잖아요!" 그녀가 물었다.

프로젝트는 그가 만든 회로판 없이 진행될 판이었다. 팀장으로서 또래 동료를 설득시켜 다시 돌아오게 하는 것이 아드리아나가 해야 할 일이었다. 아드리아나는 그만둔 친구와 이야기하면서 그가 매우 좌절하고 낙담하고 있다는 것을 알아냈다. 그는, 회의 때 자기 아이디어를 그 누구도 귀담아듣지 않는다고 여겼고, 자신이 쓸모없는 존재라고 느꼈다. 더 이상 그곳에 있을 필요가 없다고 생각한 것이다.

아드리아나는 이해했다. 그녀는 모든 사람이 계속 참여하게 하고 그들에게 동기를 부여하는 게 팀장의 역할이라는 것을 깨달았다. 아드리아나는 그에게 회의 때 그의 의견을 경청할 것이라며 다독였다. 상대방의 처지를 배려하며 친밀하게 소통한 결과 그는 다시 팀에 합류했다.

그런데 최종 심사가 다가오는데, 전자 장치를 능숙하게 다루던 다른 아이가 그만두었다. 아드리아나는 정말 당황했다. 열심히 일하던 친구였고 일에 아주 깊숙이 관여하고 있었다. 모두가 그 친구를 좋아했다. 아드리아나는 최종 심사를 앞두고 일을 그만둔 이유가 무엇인지 상상조차 할 수 없었다.

아드리아나와 몇몇 포스트 멤버가 그 친구를 만나보기로 했다.

당혹감과 좌절감은 이내 동정심으로 바뀌었다. 아드리아나는 그 친구의 어머니가 돌아가셨고, 집과 학교 일들을 그가 더 이상 감당하기 어려운 상태라는 것을 알게 되었다. 그 아이는 선택의 여지가 없어서 그만둔 것이었다.

아드리아나는 그 상황을 팀원들에게 설명했다. 그녀는 어떤 사람을 잘 알기까지 그 사람의 행동을 섣불리 판단하지 말아야 하고, 사람들을 알려면 더 많은 시간을 할애해야 한다는 것을 염두에 두었다. 핵심 엔지니어 스콧 페이스는 그것을 '기계를 분해해 어떻게 작동되는지 들여다보는 것처럼 사람들을 분석하는 것과 같다.'라고 생각했다.

심사 결과 발표

1974년 4월, EMC 팀은 최종 심사 준비를 겨우 마쳤다. 팀 전체가 이 순간을 위해 몇 달 동안 열심히 일을 해왔다. 아드리아나와 팻은 밤새워 보고서를 마무리했다. 널찍한 폰 카르만 강당이 꽉 찼다. 피커링 박사가 주재하는 심사인지라 아드리아나의 마음은 자부심과 긴장감이 교차했다.

아드리아나 팀은 플러시 천으로 된 커튼 앞, 스포트라이트가 내리비추는 무대 중앙으로 올라갔다. 아드리아나는 코디네이터

위 사진 : 열아홉 살의 아드리아나는 EMC 보고서를 JPL 폰 카르만 강당에 꽉 들어찬 청중 앞에서 발표했다. **아래 사진** : 아드리아나 옆에 있는 빌 피커링 박사는 JPL의 책임자였다. 1950년대 후반, 피커링은 미국의 위성 익스플로러 1호 프로젝트를 성공적으로 이끌었다. 매리너 9호 모형이 그 뒤에 있다.

자격으로 연단에 올라 EMC의 개관을 설명했다. 프로젝트 예산은 충분했고, ARMS는 성공리에 운영됐고, APTRSS(현재 별명: "앨버트로스")는 건설 준비가 완료되었다. 스모그 탐지기는 정밀하게 조립해야 하므로 "개발 중"이었다. 다시 말해, 아드리아나 팀은 몇 가지 목표는 달성했지만 모든 목표를 달성하지는 못했다. 혹시라도 작업한 부분이 쓸데없는 것으로 간주되면, 그 프로젝트는 실패하게 되는 것이다.

JPL 엔지니어들과 과학자들이 트레일러를 살펴본 후 종합 점수를 매겼다. 결과가 어떻게 나왔을까? "연구 예산이 승인됨."

EMC는 화창한 앞날을 다시 한 번 볼 수 있게 되었다.

특히 JPL 엔지니어가 자신의 무선 프로젝트에 EMC 날씨 데이터를 사용해도 되겠냐고 물었을 때 아드리아나는 기뻤고, 안심했으며, 팀원들이 자랑스러웠다. 그녀는 곧 ARIES라고 불리는 그의 팀에 합류하여 무선 수신기용 전자 회로 제작 방법을 배웠다.

화성에서 일하기

아드리아나는 전자공학 관련 일을 좋아했지만, 1970년대 중반 20대에 접어들면서 새로운 모험을 시작할 준비가 되었다고 느꼈다. 드물게나마 시간 여유가 있을 때 그녀는 우주선 설계도를 그렸고, JPL의 소규모 공항에서 조종사 교육을 받았으며, 언젠가 우주로 날아갈 꿈을 계속 지니고 있었다. 한편 그녀는 삶에 약간의 변화를 주기로 마음먹었다.

그녀는 50달러짜리 오토바이는 그대로 놔두고, 카르만 기아를 팔아 산뜻한 영국산 스포츠카로 바꾸었다. 모험을 좋아하는 그녀에게 훨씬 어울리는 차였다. 초록색 MG 미지트는 컨버터블 지붕이 달린 2인승 소형차였다. 운전이 편했고, 교통 혼잡을 쉽게 헤쳐 나갔으며, 바닥에 깔리듯이 낮게 운행했다.

아드리아나는 또 짧은 다리가 특징인 흰색과 황갈색 바셋 하운드 개를 입양했다. 개 이름은 스페인어로 예쁘다는 뜻의 '에르모사Hermosa'였다. 에르모사는 자동차 뒷좌석에 앉아 아드리아나의 신임 부조종사 노릇을 했다. 에르모사는 차 지붕이 열린 상태로 '조종실'에 타는 것을 좋아했고, 그럴 때마다 커다란 귀가 태풍에 휘날리는 깃발처럼 퍼덕였다.

아드리아나의 인생에서 가장 큰 변화는 수백만 킬로미터 떨어진 신비의 붉은 행성과 함께 찾아왔다. 1976년 여름 어느 날, 톰 덕스버리Tom Duxbury라는 건장한 금발의 엔지니어가 그녀에게 "화성에서 나와 함께 일하지 않을래?"라고 물었던 것이다.

화성에서 전송해오는 영상 하나하나가

아드리아나에게는 마치 특별한 퍼즐처럼 보였고,

어떻게든 이 조각들을 모아

모두 끼워 맞추고 싶었다.

바이킹 2호는 바위가 많은 평지인 유토피아 플라니시아Utopia Planitia에 착륙했다.

5장

화성에서 온 영상

톰 덕스버리가 아드리아나에게 "화성에서" 일하지 않겠냐고 물어보는 건, 화성 그 자체만 의미하는 게 아니었다. 사람이 타지 않은 무인 우주선 일은 구미가 당겼다. 톰은 스물한 살의 아드리아나 오캄포에게 현재까지 JPL에서 가장 규모가 크고 대담한 우주 사업 바이킹 프로젝트에 합류해달라고 요청한 것이었다. 복도와 식당의 파리도 그 일을 가지고 윙윙거리는 것처럼 보였다.

1976년 6월 19일, 바이킹 1호가 화성 궤도에 진입했을 때, JPL 전체가 환호했다. 바이킹 1호와 똑같은 바이킹 2호는 8월에 도착할 예정이었다. 두 우주선은 모두 두 부분으로 분리되도록 설계되었는데, 절반은 화성을 계속 도는 궤도선이고 나머지는 표면에

아드리아나는 짬이 날때마다 우주 탐사와 여성이라는 주제로 학생들과 대화를 나누는 자원봉사 활동을 했다. NASA는 그녀에게 차량과 몇 가지 우주선 모형을 대여해주었다. 그녀는 JPL 화성 탐사 바이킹 프로젝트에 동참하게 되어 기뻤다.

머무르는 착륙선이다. 모든 사람이 둘 다 온전히 작동하기를 바랐다.

지금까지 화성 착륙 성공률은 제로였다. 미국의 강력한 라이벌 소련은 두 번이나 시도했지만 둘다 실패했다. 1971년 마르스 2호와 마르스 3호가 화성에 도착했지만 첫 번째 착륙선은 충돌했고, 두 번째 착륙선은 화성 표면에 내렸지만 20초 후에 지구와 교신이 끊겼다.

바이킹 착륙선이 성공한다면 우주 탐사의 획을 긋는 순간이 될 것이다. 최초로 화성에 서 있는 것이 어떤 것인지 알게 되는 날이 될 것이다!

그 머나먼 세상에 무엇이 있는지 아무도 모르지만 아드리아나는 마음껏 상상의 나래를 펼 수 있었다. 그녀는 그간 수중 운하, 이상한 식물, 고대 도시, 화성인 등이 나오는 공상과학소설을 탐독하지 않았던가! 그러나 위성의 궤도에 진입한 최초의 우주선 매리너 9호에서 보내오는 영상에는 그런 환상적인 것들이 전혀 없었다. 과학자들은 밝혀지지 않은 생명체의 흔적들, 예컨대 얼어붙은 땅 아래에 묻혀 있는 바다, 화석, 미생물의 존재 여부 등을 궁금해했다.

아드리아나는 자신이 JPL에 있는 빌딩 264에 들어갔을 때처럼, 모종의 생명체가 착륙선 카메라 앞에서 기어가기를 바랐다.

기계는 잠을 자지 않는다

우주 탐사 통제 센터 내부에서 바이킹 팀은 우주선의 기능에 따라 임무가 나뉘었다. 궤도선 팀과 착륙선 팀이 바로 옆에서 근무했다. 대형 회의실, 수많은 TV 화면, 사무실의 대부분을 차지하는 대형 컴퓨터 등이 갖춰져 있었다.

곧 아드리아나는 자신이 무언가 대단한 일에 한몫을 하고 있는 듯한 기분이 들었다. 분주하게 일하는 이 사람들은 남들이 꿈만 꾸던 것들을 성취하려고 했다. 차분한 사무실 빌딩 안에서 그들은 우주를 탐험하고 있었고, 아드리아나도 마찬가지였다! 그녀는

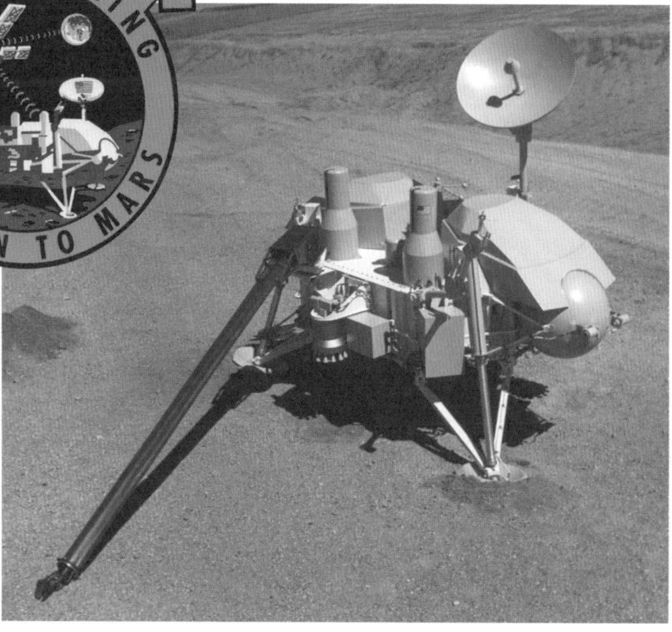

바이킹 우주선의 반을 차지하는 착륙선은 자율적으로 가동되는 과학 실험실로, 크기는 자동차보다 조금 더 작다. JPL 엔지니어들은 똑같은 착륙선을 화성 반대편에 착륙시키기 전에 캘리포니아 사막에서 테스트해보았다. 기다란 삽(왼쪽 하단)은 착륙선 내부 장치가 생명체의 흔적 여부를 검사할 수 있도록 흙을 채취했다.

톰 덕스버리는 매리너, 바이킹, 소련의 포보스 탐사 등의 업적으로 상을 받았다. 아드리아나의 도움을 받아 그는 바이킹 호가 전송한 영상을 이용해 정밀 지도 '포보스 아틀라스Phobos Atlas'를 처음 만들었다.

지구를 떠난 적이 없지만, 마치 어린 시절의 꿈이 마침내 이루어진 것 같았다.

바이킹 팀 관계자는 모두 합쳐 수백 명이나 되었지만 첫 번째 우주선이 화성에 도착한 뒤에는 그걸로도 모자랐다. 아드리아나 같은 젊은 새 일꾼들이 필요했다. 기계는 잠을 자지 않기 때문이다.

새 상사 톰 덕스버리는 "우리는 매일, 그것도 온종일 사진을 찍고 있습니다."라고 설명했다. 그는 이 사실을 충분히 이해시키기 위해 다음과 같이 덧붙였다. "기계 장치는 하루 24시간 내내, 일주일 7일, 1년 365일을 작동합니다. 잠시라도 한눈팔면 안 되죠."

바이킹 1호와 바이킹 2호 모두 0과 1로 된 긴 문자열의 컴퓨터 코드를 보내왔고, 이들은 다시 데이터와 이미지로 바꾸어야 했다. 아드리아나는 톰에게 컴퓨터 프로그래밍을 안다고 말했다. 톰은 아드리아나가 충분히 그 일을 감당할 수 있고, 자기 일도 어느 정도 배울 수 있으리라고 여겼다. 톰이 하는 일은 화성의 위성 두 개를 카메라로 촬영하는 방법을 고안하는 것이었다. 바이킹 1호에는 여러 가지 데이터 수집 장비와 디지털 카메라가 있었다.

화성의 위성은 쉽게 포착되지 않았기 때문에 아드리아나는 톰이 일하는 모습을 면밀히 지켜보았다. 데이모스Deimos와 포보스Phobos는 거무스름하며 아주 작았고, 빠르게 움직였다. 포보스는 데이모스보다 화성에 더 가깝게 선회하는 위성으로, 지구의 24시간에 해당하는 시간 동안 화성 주위를 빠르게 세 번 돌았다. 동시에 바이킹 1호는 다른 궤도에서 속도를 내고 있었다. 한편, 화성과 그 위성들은 태양 주위를 빠른 속도로 돌고 있었다. 그러면 어느 순간 태양 광선, 바이킹 카메라, 화성의 위성이 사진 찍기 좋게 일렬로 줄 지어 있는 순간이 온다.

이렇게 '사진 촬영'을 계획하고 우주선이 수행해야 할 일련의 명령을 작성하는 작업을 시퀀싱sequencing이라고 한다. 이 작업은 너무 복잡해서 바이킹의 각 장비를 작동시키려면 프로그래밍 규약으로 가득 찬 사전 크기의 매뉴얼을 필요로 했다.

시퀀싱

아드리아나는 다음 날 포보스의 근접 비행에 대비해 시퀀싱 이미지를 찍어보았다. 그녀는 수천만 킬로미터나 떨어져 있고 제트기보다 속도가 20배나 빨라 레이더에도 안 잡히는 비행 물체를 당연히 볼 수 없었다. 그녀는 아무것도 안 보이는 눈먼 교통 관제사 같은 기분이 들었다. 그러나 항공 교통 관제사는 비행 물체끼리 안전거리를 확보하도록 떨어뜨려놓지만, 아드리아나는 좋은 사진을 찍기 위해 대상들을 가까이 놓는 것이 목적이었다.

이 복잡한 작업은 레이저 빔이 핵심이다. 아드리아나는 잡념을 모두 떨쳐버려야 했다. 그런 다음 컴퓨터를 활용해 화성, 포보스, 바이킹 1호의 다음 날 궤도 경로를 좌표로 표시했다. 태양의 각도 변화에 집중하면서 최상의 촬영 순간을 선택하고 궤도선에 보낼 명령을 작성했다. 나른 기계 장치처럼, 우주선은 명령을 내린 대로 그 자리를 따라갈 것이다. 실수가 생긴다면 바이킹 1호가 아니라 아드리아나의 실수였다. 그녀는 코드를 두 번 확인했고 두 가지 컴퓨터 프로그램을 실행하여 새로 설정된 경로를 검사했다.

소행성이 작은 포보스에 충돌해 폭발하면서 위성 북단에 스티크니 크레이터가 만들어졌고 위성의 전 표면에 흠집이 났다.

다행히도 "그녀가 설정한" 이미지는 다음 날 초점이 중앙에 잘 맞춰져서 돌아왔다. 짜릿했다. 우주선에 무언가 명령을 내렸더니, 그 기계가 바로 해낸 것이다! 그 일은 단순해 보여도 얼마나 힘든 일인지 지금은 알고 있다. 첫 주에는 몇몇 사진 작업을 놓치기도 했다. 팀의 시퀀싱 작업 성공률은 점차 100퍼센트까지 올라갔다. 두 바이킹 호의 궤도선은 결국 약 5만 2000개의 이미지를 보내왔다.

톰의 위성 영상 팀은 매일 관찰했다. 어느 이미지에는 포보스의 북극에 있는 거대한 구멍을 보여주었다. 그 구멍은 감자처럼 생긴 위성 너비의 절반가량을 차지했다.

"소행성이 포보스를 거의 산산조각 냈군." 톰은 위성 표면을 뒤덮은 흠집들을 가리키며 말했다.

일부 선들은 크레이터에서 퍼져나가는 듯했다. 아드리아나는 그 선들이 어떻게 만들어졌는지 추측해보았다. 충돌 당시의 충격 때문에 갈라졌을까? 만약 그렇다면, 그 균열이 위성의 중심부까지 뻗쳤을까?

안전한 여행이 되기를

여러 사람이 궤도선 카메라 시간을 서로 쓰려고 하기 때문에 톰은 아드리아나에게 "잘 조율하라"고 지시했다. 그는 NASA의 일이 의미하는 바를 설명했다. "우리 팀, 다른 팀, 운항 팀, 우주선 팀은 매일 얼굴을 맞대며 현안을 해결하지요." 그는 아드리아나가 조정자 역할을 훌륭하게 해내리라고 생각했다. 아드리아나는 궤도선과 착륙선 담당 사무실 사이를 오가며 의견을 듣고, 배우고 조정하며 일을 잘해냈다.

착륙선 팀은 독립기념일 200주년인 1976년 7월 4일에 크리세 플라니시아Chryse Planitia의 한 지점에 바이킹 1호를 착륙시키고 싶어 했다. 플라니시아는 '낮은 평원'이라는 뜻이고, 매리너 9가 보내온 영상을 보면 착륙 지점이 고르고 평탄했다. 그러나 아드리아나는 팀원들이 바이킹 1호가 전송한 새 영상을 보면서 눈살을 찌푸리는 것을 보았다. 무엇이 문제인지 알 것 같았다. '평탄해' 보이는 곳을 확대해서 아주 자세히 보니 착륙 지점이 거칠고 고르지 않았다. 착륙선이 암석 위에 내려앉다가 쓰러져서 부서질 우려가 있었다. 엔지니어의 주요 임무는 바이킹 1호의 안전 상태를 유지하는 것 아닌가! 착륙선 팀은 그 지점이 착륙하기에 안전하지 않다고 판단했다.

바이킹 프로젝트의 책임자 짐 마틴은 과학자와 엔지니어가 모두 참석하는 대규모 회의를 소집했다. 아드리아나는 자신도 당연히 참석해야 한다고 생각했다. 두 그룹은 착륙 지점을 두고 의견이 갈렸다. 엔지니어 측은 성공 확률을 높이기 위해 크리세 플라니시아의 평탄하고 고른 지점을 선택하려고 했다. 과학자 측은 착륙에 더 위험할지라도 다양한 지형이 과학적으로 의미가 큰 장소라고 주장했다.

어렸을 때 아드리아나는 과학에 흥미를 느껴 '살충제'를 개발하고 옥상에서 종이비행기를 발사하는 등 안전 문제는 별로 신경 쓰지 않았다. 하지만 이제 무엇이 중요한지 알고 있었다.

누구의 생명이 위태로운 상황은 아니라 해도 착륙은 '모 아니면 도'였다. 즉, 수백만 달러짜리 기계를 살리거나 아니면 탐사 임무의 종료, 둘 중의 하나였다.

착륙?

모든 사람이 마침내 평원에 있는 새 착륙 지점에 동의했다. 아폴로 11호의 달 착륙 기념일인 7월 20일, 바이킹 1호의 착륙선이 궤도선에서 분리되어 화성의 얇은 대기권을 통과해 강하하기 시작했다.

칼텍의 강당은 아드리아나의 친구 팻과 스콧을 포함해 사람들로 꽉 차 있었고, 모두 대형 모니터를 지켜보았다. JPL의 폰 카르만 강당도 TV 방송사 직원과 기자들로 북적였다. 『화성연대기*The Martian Chronicles*』의 저자 레이 브래드버리Ray Bradbury도 거기에 와 있었다. 아드리아나 오캄포는 빌딩 264에서 앞줄 좌석에 앉아 모니터를 보고 있었다. 그녀는 지구에서 화성 표면을 보는 최초의 사람들 중 하나가 될 것이었다!

오전 2시가 가까웠지만 아드리아나는 집에 가고 싶지 않았다. 그 누구도 집에 가려 하지 않았다. 마침내, 오전 5시를 몇 분 앞두고 착륙선이 내려가면서 통제관의 카운트다운이 시작됐다. "……

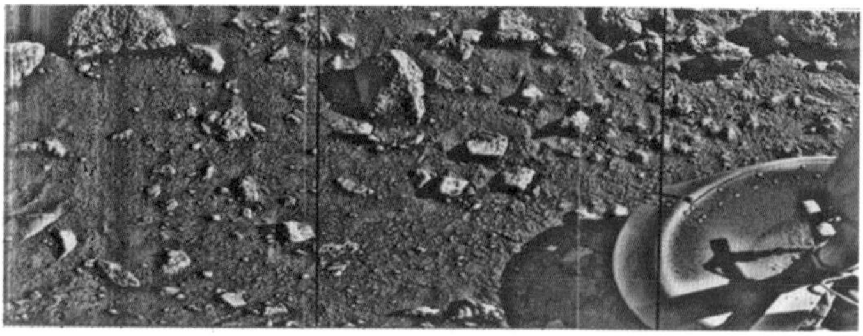

왼쪽에서 오른쪽으로 가느다란 세로줄로 지구에 보내온 화성 표면의 첫 번째 영상. 바이킹 호의 엔지니어들은 로봇이 견고하게 똑바로 서 있는지 확인하기 위해 착륙선의 발판(오른쪽 하단) 사진을 원했다.

3, 2, 1, 0." 모두 침묵에 잠겼다. 착륙선이 부서지지 않고 제대로 착륙했는지 확인하려면 1000초를 기다려야 했다. 화성에서 오는 무선 신호는 빛의 속도로 달려도 지구에 도착하기까지 약 18분이 걸렸다.

짐 마틴은 오전 5시 12분에 "터치다운!"이라고 외쳤다. 전체 JPL 관계자들의 환호성이 터져 나왔다. 바이킹 호의 착륙선이 화성 표면에서 데이터를 전송하고 있었다! 아드리아나는 모니터를 보았지만 무선 신호가 착륙선에서 궤도선을 거쳐 지구로 이동하는 동안 아무것도 없는 빈 공백 상태로 나타났다. 오전 6시 직전에 드디어 첫 번째 신호가 도착했고, 화면의 왼쪽 가장자리에 가느다란 세로줄이 보였다. 신호가 계속 들어왔고 화면은 줄들로 채워지면서 몇 분이 지나갔다. 최종적으로 모양이 흐릿한 흑백 이미지로 나타나기 시작했다.

누군가 외쳤다. "저것 봐! 발이야!"

암석의 숲

발이라니? 꼭 뒤집어놓은 파이 접시같이 같았다. 아드리아나는 그것이 무엇인지 알았다. 화성 표면으로부터 지구로 온 최초의 이미지, 그것은 착륙선의 발판이었다!

발판 근처에 있는 암석들에 초점이 맞춰졌다. 암석에는 움푹 팬 자국이 거의 없었다. 아드리아나는 이것들은 어떻게 생겨났는지 궁금했다. JPL 과학자들은 이런저런 아이디어를 내놓기 시작했다. 물? 운석 충격? 작은 총알처럼 날아간 모래 알갱이들이 들어 있는 먼지 폭풍? 화산 용암 안에 갇혀 있는 기체? 암석 위에는 그을린 것처럼 코팅이 되어 있었다. 아드리아나는 코팅이 다른 쪽 면에도 있는지 알고 싶어 죽을 지경이었다.

착륙선의 카메라는 누군가가 암석의 숲으로 묘사한 대단한 풍경을 드러냈다. 서로 다른 크기와 모양의 암석이 흩어져 있었고, 윗부분은 풍화 작용으로 마모되어 둥글었다. 암석들 사이에 군데군데 모래 언덕이 보였다. 아드리아나는 저 암석들이 왜 여기저기 퍼져 있는지 궁금했다. 화성 표면에 바람이 불어서 그랬을까? 아니면 오래전에 물이 흐르면서 그곳으로 옮겨놓아 그렇게 됐을까? 그

영상 처리 팀, 즉 컴퓨터 데이터를 사진으로 바꾸는 전문가들 덕분에 화성의 이미지가 생생하게 가시화되었다. 화성의 하늘은 연분홍색으로 드러났다. 화성 표면에 산화철(녹)이 생기면 '붉은 행성'이 주황색으로 보인다.

녀는 화면에서 눈을 뗄 수가 없었다. 다른 세상이라고 하기엔 너무 익숙해 보이는 상황이었다. 화성의 평원이 놀라울 정도로 캘리포니아의 모하비 사막과 닮아 있었다.

수평선 위쪽의 언덕을 비추려고 카메라가 더 높은 각도로 기울어지자, 더 놀라운 장면이 펼쳐졌다. 달에서 본 하늘이 검은색이었다면 화성의 하늘은 옅은 연분홍빛을 띠고 있었다. 햇빛이 얇은 대기층에서 먼지 입자들을 반사시키기 때문에 그런 것이었다.

화성에서 전송해오는 영상 하나하나가 아드리아나에게는 마치 특별한 퍼즐처럼 보였고, 어떻게든 이 조각들을 모아 모두 끼워 맞추고 싶었다.

"나는 거기서 무슨 일이 일어나는지 정말 알고 싶어." 그녀는 친구들에게 말했다. "그 암석들의 정체가 뭔지 알아내야겠어!"

암석은 단순한 퍼즐 조각을 넘어서는 것이었다. JPL 과학자들이 바이킹 호가 보낸 영상에 대해 이야기하는 것을 들었을 때, 아드리아나는 그 암석들이 먼 과거로부터 온 증거가 분명하다는 생각이 들기 시작했다. 암석의 색깔, 모양, 흔적 등 모든 특징이 오래전에 그 행성에서 일어났던 일에 관한 내력을 품고 있었다.

NASA의 과학자들은 그 내력의 일부를 어떻게 해석해야 하는지 알았다. 하지만 거기에는 또한 답이 없는 수많은 질문도 있었다. 아드리아나는 그 답을 찾으려고 했다. 그녀의 직업을 바꾸기로 결심한 것도 바로 그 순간이었다. 항공우주공학자 대신 지질학자가 되기로 한 것이다!

유토피아에서 퍼개토리에 이르기까지

1976년 9월 3일, 바이킹 2호 착륙선이 화성 반대편의 유토피아 플라니시아Utopia Planitia에 착륙했다. '유토피아'는 완벽하거나 이상적인 세계를 뜻하지만, 그 이름을 딴 화성의 평원은 생명체가 없는 또 다른 사막으로 밝혀졌다. 아드리아나는 비록 생명은 없지만 매혹적인 곳이라고 생각했다. 이들 암석이 서리로 덮여 있다고 생각한 것이다.

1977년, 바이킹 팀과 일하면서 아드리아나는 준準 이학사 학위를 받았다. 그녀는 모든 시간을 '화성에서' 보내고 싶었지만 캘리포니아 주립대학교CSULA 학사학위가 필요했다. CSULA에는 그 당시만 해도 새로운 분야인 행성지질학 프로그램이 없었기 때문에 그녀는 지질학을 전공했고 천문학 수업을 많이 들었다.

JPL에서 일하는 여성이 서서히 늘어나기는 했어도, 아드리아나는 CSULA에서 첫 일 년 동안 지질학을 전공하는 유일한 여성이었다. 1981년까지 세 명이 있었다. 어떤 교수는 자기 경험에 비추어 볼 때, 여성들은 어려운 조건에서 일하는 게 적합하지 않다고 말하기도 했다. 그 교수는 그래도 정말 지질학자가 되고 싶다면

행성지질학자는 무슨 일을 할까?

다른 세계의 암석과 땅의 형태를 연구하는 행성지질학 분야는 우주 시대와 함께 1950년대에 태동했다. 행성지질학은 1960년대와 1970년대 무인 우주선이 달과 다른 행성의 근접 촬영 이미지를 보내오기 시작하자 지질학의 전문 분야로 본격적으로 성장했다.

우주선은 각 행성의 세계가 독특하다는 것을 보여주었다. 화성은 연분홍색 하늘이 드리워진 얼어 있는 사막이다. 금성은 지옥과 같은 곳으로, 납을 녹일 만큼 뜨겁고 대기권이 너무 두꺼워서 그 내부를 볼 수 없다. 수성은 대기가 거의 없으며 철이 빽빽하게 가득 찬 공과 같다. 그러나 동시에 이들 모든 세계는 중력, 열, 운동 등과 같은 물리 법칙이 작동한다.

행성지질학자는 다음과 같은 것들을 해결하려는 과학자다. '이들 간의 차이점은 무엇인가?', '어째서 이들 세계는 저렇게 보이고, 저렇게 움직이는 것일까?' 등등. 행성지질학자는 행성, 위성, 소행성, 혜성 및 다른 단단한 물체들의 지질학적 특징을 비교한다.

건조하고 먼지가 많은 달과 달리, 화성 표면에는 이따금씩 얇은 서리 층이 생기고, 극지에는 계절에 따라 팽창하고 수축하는 만년설이 있다.

현장이 아니라 실험실에서 일해야 한다고 권유했다.

아드리아나는 그 말을 듣지 않기로 했다. 그녀는 지질학이라는 퍼즐 맞추기에 푹 빠졌다. 암석이나 땅의 형태를 보고 "어떻게 이런 식으로 되었을까?"라는 의문이 들었으니 말이다. 그런 질문을 해결하려면 암석과 땅의 형태를 들여다봐야 하는 야외 현장으로 나가야 했다. 배우고자 하는 열망이 넘쳐났기에 산을 넘거나 사막을 가로질러 다니는 것쯤은 문제도 아니었다.

그녀는 곧 시련을 겪게 되리라는 것을 이내 알아차렸다. 졸업하려면 퍼개토리Purgatory라고 불리는 유타주의 불타는 듯 뜨거운 계곡에서 살아남아야 했다. 가톨릭에서 연옥purgatory은 영혼이 끔찍한 형벌을 견뎌내는 곳이다. 그 이름이 맞는 것일까? 아드리아나는 한 번도 아니고 두 번씩이나 고통스러운 시련과 맞닥뜨렸다.

더위와 중압감을 꿋꿋이 견뎌내지 못하면,

아드리아나는 학위도 못 따고 집으로 돌아가야 했다.

아드리아나는 유타 사막의 다채로운 지질층처럼 자연 상태 그대로의 암석층 탐사를 좋아했다.

6장

현장 실습

1981년 아드리아나는 목숨을 잃을 뻔했다. 어느 늦은 밤, 소형차를 몰고 집으로 가다가 맞은편에서 오는 차량을 곁눈으로 봤는데 그 차가 정지 신호를 무시하고 달려와 그녀의 차와 충돌한 후 가로등을 들이받았다. 아드리아나는 가까스로 몸을 피했다. 상대 차량은 아드리아나의 차 위에 올라와 있었고 그녀는 차 안에 갇히고 말았다. 그녀는 비좁은 공간에 끼어 꼼짝할 수 없었고 머리에 지끈지끈한 통증이 밀려왔다.

구급 요원들은 그녀를 차에서 꺼내려고 전동 공구로 차를 잘라내야 했다. 한 시간 이상 작업이 진행되는 동안 그녀는 정신을 잃지 않으려고 안간힘을 썼다. 기적처럼 그녀는 부러진 곳 하나 없이 목숨을 건졌다. 가장 심한 부상이 머리를 부딪치면서 생긴 뇌

애리조나 배링거 크레이터 안에서 하이킹하는 모습. 아드리아나는 교과서와 실험실 작업, 야외 현장 실습으로 지질학을 배웠다.

진탕이었다.

아드리아나는 이 사고 때문에 미래를 망치고 싶지 않았다. 사우스패서디나에 있는 부모님 댁에서 조용히 쉬다가 돌아와 캘리포니아 주립대학교CSULA 수업과 JPL 업무에 빠르게 복귀했다. 아드리아나가 참여하던 바이킹 프로젝트의 상사 톰 덕스버리는 완전히 회복되지도 않은 채 복귀한 그녀의 상인함에 놀라움을 금치 못했다. 그녀는 이떤 불평도 변명도 하지 않았다.

점점 가중되는 중압감

아드리아나가 지질학 학위 논문을 마칠 무렵 바이킹 프로젝트가 끝났다. 1983년에 졸업하려면 경암층 테스트와 연암층 테스트, 두 가지 현장 수업을 모두 통과해야 했다. 경암은 화성암이나 변성암인데, 이 두 암석은 열이나 압력 또는 두 요인 모두가 작용해서 변형된다. 아드리아나는 캘리포니아의 경암층을 식별하고 지도를 작성해 이 테스트를 통과했다.

문제는 연암층 테스트였다. 1982년 여름, 이 테스트를 위해 아드리아나는 6주간을 퍼개토리에서 보내야 했다. 연암은 또 다른 종류의 암석인 퇴적암으로, 느슨하게 결합된 퇴적물이 굳어 단단한 암석이 된 것이다. 유타주 남서쪽에 위치한 퍼개토리 플랫 Purgatory Flat은 수 킬로미터에 걸쳐 다양한 퇴적암층이 형성된 곳이다. 관광객들에게는 아름다운 경관이지만 아드리아나에게는 과학적으로나 신체적으로 도전해볼 만한 곳이었다.

퍼개토리에서 아드리아나와 동료들은 매일 사막 야영을 하고, 동 틀 녘에 일어나, 하루에 수 킬로미터씩 걷고, 오후에는 기온이 위험할 정도로 오를 때까지 암석을 조사했다. 모든 암석층이 지질학자에게는 천국과도 같은 것이지만, 달리 해석하면 그늘을 만들어줄 식물이 전혀 없다는 것을 의미했다. 아드리아나는 탈수증에 걸리지 않도록 소금 알약을 삼켜가며 버텼다.

키가 5피트 5인치(165센티미터) 정도인 아드리아나에게 가장 힘든 일은 배낭을 지고 다니는 것이었다. 물, 음식, 망치, 그 밖의 무거운 장비들을 항상 지녀야 했다. 온몸의 근육이 고통을 호소했고 다리는 나날이 더 무거워졌다. 그러나 아무도, 특히 세 여성은 감히 불평하지 못했다. 아드리아나는 자신이 남자만큼, 아니 남자보다 더 강하다는 것을 교수에게 보여주고 싶었다. 아드리아나

아드리아나는 마치 역사책을 읽듯이 가장 위쪽의 가장 신생층부터 가장 아래의 가장 오래된 층까지 연암층 읽는 법을 배웠다. 각 층의 독특한 특성들이 수백만 년 전 지구의 모습을 말해준다.

는 노트에 적어놓았던 긍정의 글귀들을 훑어보다가 한 가지를 더 추가했다. 체력!

아드리아나는 좁아지지 않는, 즉 가늘어지다가 사라지지 않는 지층을 찾고 있었다. 두께가 균일하지 않고 길쭉하게 연속된 지층들은 과거에 광범위하게 발생한, 예를 들어 대규모의 기후 변화 같은 사건들의 정보를 담고 있다.

암석의 종류와 상대적 나이로 지층을 확인하면 아드리아나는 이 데이터를 지질도로 변환했다. 6주간의 힘든 과정을 견디고 지도를 완성하면 졸업이었다. 더위와 중압감을 꿋꿋이 견뎌내지 못하면, 아드리아나는 학위도 못 따고 집으로 돌아가야 했다.

지질학 천국

지도가 모양을 갖춰가면서 아드리아나는 흥미로운 점 하나를 발견했다. 대개 오래된 층들은 지층의 아래에 자리 잡고 신생층들은 위쪽에 위치한다. 그런데 상당히 오래된 지표에 드러난 암석, 즉 노두露頭가 산 정상에 있었다. 어떻게 이 암석들이 여기 있을 수 있지? 그 이유가 궁금해서 피로와 통증이 씻은 듯이 사라졌다.

아드리아나는 상상력을 발휘해, 타는 듯한 이 사막이 시원한 바다였던 수백만 년 전으로 거슬러 올라간다.

강에서 흘러온 퇴적물들이 해저의 평지에 쌓여 하나의 층을 이루는 모습을 머릿속으로 그려본다. 그 위에 새로운 퇴적물이 쌓이고 밑에 있던 층은 위쪽 퇴적물의 무게에 눌려 암석으로 굳어진다. 그후에 더 많은 퇴적물이 다시 흘러들어 또 하나의 층이 형성된다. 이 과정이 끝없이 반복된다. 수백만 년이 흐르는 동안 바다는 불모의 사막으로 바뀌었다.

아드리아나가 서 있던 산의 지층은 여전히 아래쪽에는 오래된 암석층이, 위쪽에는 신생 암석층이 순서를 이루고 있지만, 이제는 옛날처럼 평평하진 않았다. 지표면은 융기와 하강을 거듭하고, 옆으로 이동하거나 아코디언처럼 주름이 질 수도 있다. 그녀는 발아래의 지층들이 양쪽에서 서로 충돌하며 중간에서 융기가 일어나 배사층이 형성되었다는 것을 알게 되었다. 마치 두 손으

1982년에 아드리아나는 화려한 유타 사막을 누비고 다녔다. 호수 위의 중간에서 바로 오른쪽에 그녀가 작성한 지질도에 있는 무지개 모양의 배사층anticline이 있다. 아치 모양으로 구부러진 퇴적암층의 생성 연대는 공룡 시대 초기로 거슬러 올라간다.

로 샌드위치의 양쪽을 잡고 가운데 쪽으로 힘을 줄 때 중간 부분이 올라가는 것과 비슷하다. 배사층에서 위쪽의 신생 지층이 마모되면서 아래에 위치한 오래된 암석이 드러난다.

아드리아나는 교재에 실린 배사층 그림을 기억해냈다. 갑자기 모든 게 맞아떨어졌다. 책으로 보는 것은 배사층 위에 직접 서 있느니만 못했다. 현장 조사는 사람을 녹초로 만들었지만 이 경험은 지옥이 아니라 천국에 가까웠다. 그녀는 무사히 테스트를 통과했을 뿐만 아니라 또 다른 모험을 꿈꾸게 되었다.

1973년에 아드리아나는 포스트 509 현장 학습을 가게 되었다. 그녀는 애리조나 크레이터의 높이 솟은 가장자리에 서서 5만 년 전 그곳에 살던 선사시대 동물들이 하늘에서 떨어지는 암석을 지켜보던 장면을 상상했다.

애리조나를 기억하며

아드리아나는 그보다 10년 전 추수감사절 휴가 때 포스트 509와 함께 애리조나로 떠났던 현장 학습을 떠올리며 웃음을 지었다. 패거토리 플랫과는 정반대였다. 1973년 당시 그녀는 짐을 잃어버리는 바람에 구두를 신고 사막을 걸어야 했다. 경이로운 지질학적 경관들 중에서도 '우주 탐험대'가 배링거 크레이터에 들렀을 때, 그녀는 자신이 마치 큰 샐러드 사발

아드리아나는 함께 혜성을 연구하던 진과 캐럴린 슈메이커 부부와 친구가 되었다. 진은 애리조나의 배링거 크레이터가 충돌구라는 사실을 증명했고, 아폴로 호 우주 비행사들에게 암석과 분화구 탐사 방법을 가르쳤다.

에 빠진, 구두 신은 개미처럼 느껴졌다. 이제 어엿한 자격을 갖춘 지질학자가 된 그녀는 새삼스레 그 크레이터에 관심과 호기심이 생겼다.

20세기 초에 몇몇 사람들은 그 구덩이를 화산 칼데라, 즉 화산 분출 후 땅이 아래쪽 빈 공간으로 내려앉으면서 형성된 분화구라고 생각했다. 그러나 1957년 지질학자인 진 슈메이커Gene Shoemaker는 애리조나 배링거 크레이터는 칼데라가 아니라 충돌구impact crater라는, 반박의 여지가 없는 증거를 발견했다. 그곳은 우주에서 온 암석이 충돌하면서 만들어진 구덩이였다.

1950년대에 "지구 종말을 가져올" 운석은 비행접시나 화성에서 온 외계인만큼이나 허무맹랑한 이야기였다. 그래도 일부 사람들은 땅을 파서 묻혀 있는 운석을 찾으려 했는데, 아쉽게도 찾지 못했다. 아드리아나는 크레이터 벽에 있는 수많은 갱도 중 한 곳에 올랐던 기억이 났다. 지질학자가 된 지금 아드리아나는 그 갱도들이 왜 전부 비어 있는지 알게 되었다. 큰 소행성이 엄청난 힘으로 충돌할 경우 순식간에 녹거나 증발하면서 가스로 바뀌기 때문이다.

진 슈메이커의 결정적 증거는 정작 운석에 있지 않았다. 운석이 충돌하면서 지표의 암석에 남긴 손상이 증거였다. 충돌할 때의 힘이 화산과는 비교할 수 없을 정도로 강력해서 지표의 암석이 녹을 정도로 충격이 가해졌다. 충격을 받은 암석은 순식간에 석영으로 변성되었다.

베링거 크레이터는 애리조나 미티어 크레이터Meteor Crater라는 별칭을 얻었는데, 지구를 강타한 우주 암석이라는 개념이 대세로 자리 잡기까지는 다소 시간이 걸렸다.

그것들은 먼 우주에서 왔다

우주 탐험에 대한 관심이 증가하면서 아드리아나를 비롯한 많은 사람이 충돌구에 관심을 가지게 되었다. 아드리아나는 바이킹 프로젝트에 참여하면서 화성과 두 개의 작은 위성에서 수백 개의 충돌구를 보았다. 특히 포보스 위성에 생긴 엄청나게 큰 충돌구는 여전히 그녀에게 경이로움을 안겨다주었다. 1979년 JPL의 보이저 탐사선에서 보낸 영상은 목성의 위성 중 하나인 칼리스토 Callisto의 표면이 온통 충돌구로 뒤덮여 있는 모습을 보여주었다.

어느 시점이 되면 자연스럽게 묻게 된다. 그렇게 많은 충돌구가 어째서 지구에는 없을까? 분명히 지구에도 존재해야 한다. 그런데 어디에 있을까? 1980년대 중반까지 과학자들은 매년 조금씩 지구의 크레이터를 발견했지만 100개를 넘지 못했다. 아드리아나는 어딘가에 더 많은 크레이터가 숨겨져 있을 것이라 생각했고, 그것을 찾고 싶었다.

애리조나 크레이터를 쉽게 찾을 수 있었던 이유를 아드리아나는 알고 있었다. 더운 사막 지역이라 보존이 잘 되었고 불과 5만년 전 마지막 빙하기에 충돌이 발생했기 때문이다. 그녀는 한 줄기 밝은 빛이 하늘을 가로지르다 갑자기 땅이 크게 요동칠 때 그 때의 동물들이 이를 보고 어떻게 느꼈을지 상상해보았다. 털북숭이 매머드였을까? 아니면 검치호랑이? 수억 년 전의 암석을 연구하기 시작한 후부터 아드리아나는 애리조나 크레이터가 갓 태어난 아기처럼 느껴졌다. 지질학자들에게는 수천 년 또는 수백만 년의 시간도 찰나에 불과했다.

아드리아나는 지구에 존재하는 대부분의 크레이터가 지구의 여명기에 만들어졌다는 사실을 알게 되었다. 크레이터는 수십억 년이 지나면 바람이나 물, 화산, 지진을 비롯한 여러 요인으로 희미해지거나 완전히 사라진다. 해저의 크레이터를 지구 스스로 삼켜버릴 수 있다. 지각이 인근 지각 아래의 용해된 암석 속으로 함몰되어 사라지기 때문이다. 사라지지 않은 바다의 크레이터는 퇴적층 아래에 깊이 묻힌다.

아드리아나는 궁금했다. 눈에 보이지 않는 것을 어떻게 찾아낼까? 그녀는 JPL에서 했던 작업에서 아이디어를 얻었다. 인간의 눈이 아니라 전자 눈, 위성 카메라로 탐색하라.

운명이 된 크레이터

1980년대 중반 아드리아나는 지구 궤도를 돌고 있는 한 쌍의 위성, 랜드샛Landsat과 시샛Seasat이 전송하는 영상을 어떻게 처리하는지 배웠다. 시샛 위성은 가시광선을 이용하는 대신 레이더를 이용하여 촬영한다. 지구 표면에서 반사되는 무선파를 탐지하고 그 파형을 흑백 영상으로 바꾼다.

아드리아나는 이 기술을 이용하여 숨은 크레이터를 발견하려고 했다. 우주에서 보낸 레이더 영상을 이용하면 땅을 직접 파지 않더라도 묻혀 있는 크레이터의 둥근 형태가 드러난다는 사실을 알았다. 또한 위성은 넓은 면적, 필요하다면 전 지구를 촬영할 수도 있다. 땅 위에 있는 사람은 절대로 할 수 없는 일이다. 아드리아나는 레이더 영상에서 화산 칼데라와 충돌로 생긴 크레이터를 구별할 만한 방법을 궁리했지만 답을 찾지 못했다. 충격의 흔적, 칼데라에는 없는 명확한 단서를 찾으려면 조사가 더 필요했다.

그녀는 과학자 몇 명을 규합해 문제점과 가능성을 조사하려고 했다. 그중 한 사람이 바로 베링거 크레이터를 조사한 진 슈메이커였다. 아드리아나는 JPL에서 그를 알게 되었다. 그는 JPL에서 강의를 하거나 우주 탐사와 관련한 NASA의 자문에 응하곤 했다. 과학자들은 크레이터 조사 기금이 조성되기를 기대하면서 제안서를 NASA에 제출했다. 제안서는 반려되었다. NASA 측은 우주에 배치되는 레이더 영상기를 다른 용도로 쓰는 게 더 의미 있다는 결론을 내렸다.

제안서를 퇴짜 맞은 건 실망스러웠지만, 아드리아나에게 막다른 골목이란 없었다. 그저 다른 길을 찾을 뿐이다. 1988년 11월, 크레이터가 서른세 살 아드리아나 오캄포의 머릿속을 지배했다.

우주에서 떨어진 치명적인 운석?

단 한 번의 충돌로 모든 생명을 멸종시킨다?

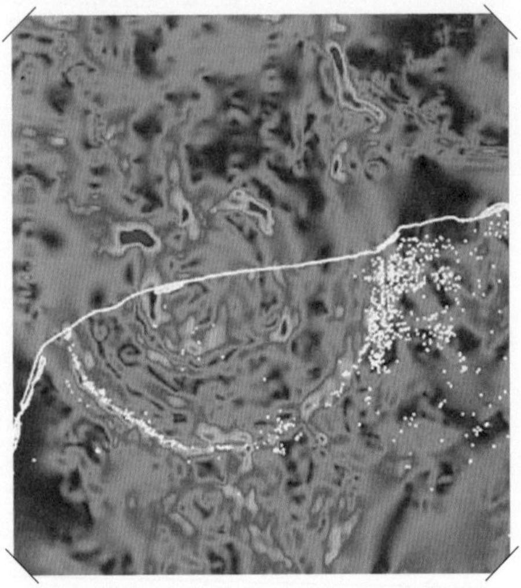

대부분의 과학자들은

허무맹랑한 주장이라고 비난했다.

암석 밀도를 나타낸 중력 지도를 보면, 지하 800미터 깊이에 묻힌 원형 크레이터를 알 수 있다. 표면에는, 흰색 점으로 표시된 구멍들이 반원을 이루며 바깥쪽 고리 위에 줄지어 있다. 흰색 선은 멕시코 유카탄 반도의 해안선이다.

7장

크레이터를 찾아서

멕시코 아카풀코는 해변 휴양지이지만 아드리아나를 그곳으로 이끈 것은 햇살이 아니라 위성이었다. 1988년 아드리아나는 위성 영상을 이용하여 날씨를 예측하고, 우림을 측정하고, 해양 지도를 작성하고, 화산을 찾는 등 다양한 활동을 벌이는 '과학자들을 위한 셀퍼SELPER 컨퍼런스'에 참석 중이었다.

열려 있는 회의실들을 돌아보면서 들을 만한 강연을 찾다가 한 고고학 관련 회의 때 나온 랜드셋 위성 사진 하나가 그녀의 눈길을 끌었다. 그것은 멕시코 남부 유카탄 반도를 촬영한 사진이었다. 멕시코 만 해안 가까이에 자잘한 검은 점들이 보였다. 그것은 스페인어로 세노테cenote라 불리는 담수로 가득한 지하 구멍이었다. 그녀의 눈은 거의 완벽한 곡선을 이루는 점들을 따라 아래로

아드리아나는 나중에 운석이 충돌할 때 떨어져 나온 파편을 약 320킬로미터 이상 떨어진 곳에서 발견하게 된다.

내려가다 다시 왼쪽으로, 그리고 다시 위로 올라갔다. 그것은 거대한 반원이었다. 그녀는 머릿속으로 그 반원을 바닷속까지 확장시켜 원을 만들었다.

아드리아나는 순전히 우연으로 원이나 반원을 이루게 된 지형은 없다는 것을 알고 있었다. 그렇다면 이 많은 세노테로 이루어진 고리는 어떻게 형성된 것일까? 회의가 끝난 후 아드리아나는 회의 발표자인 케빈 포프Kevin Pope에게 다가가 인사를 건넸다. 케빈은 키가 훤칠하고 금발의 콜로라도 출신으로 캘리포니아 북부에 살고 있었다. 이야기를 나누던 중 아드리아나는 두 사람 모두 현장 조사에 대한 열정이 크다는 사실을 알게 되었다. 케빈의 경우 중앙아메리카와 멕시코의 습지대를 휘젓고 다니며 고대 마야 유적을 발굴했다.

케빈은 지질학과 고고학 학위를 보유했고, 나이가 200만 년 정도밖에 되지 않은 신생 암석들을 연구하고 있었다. 충돌구 연구 경험은 없었지만 세노테 고리가 지하에 숨은 칼데라의 결과일지 모른다는 생각을 하고 있었다. 멕시코에는 화산이 매우 많기 때문이다. 두 과학자는 JPL에서 만나 케빈과 그의 동료인 척 둘러Chuck Duller가 수집한 자료를 함께 검토하기로 했다.

첫 번째 데이터

아드리아나는 수십 년 전에 누군가가 유카탄 반도에서 거대한 원을 발견한 사실을 알고 매우 놀랐다. 1950년대부터 1970년대까지 멕시코의 석유 회사 페멕스Pemex가 원유 시추 유망 장소를 찾아 만灣을 조사했다. 육안으로 지표면 아래를 볼 수 없지만 장비를 이용하면 지표 아래에 있는 암석의 특성을 탐지할 수 있다. 암

빨간색 원은 지구에서 가장 큰 충돌구의 위치를 보여준다. 6500만 년 전 운석이 그곳에 떨어졌을 때 전 세계 해수면은 지금보다 높았다. 당시 멕시코 유카탄 반도와 플로리다를 포함한 미국 남부 지역의 일부는 물속에 잠겨 있었다.

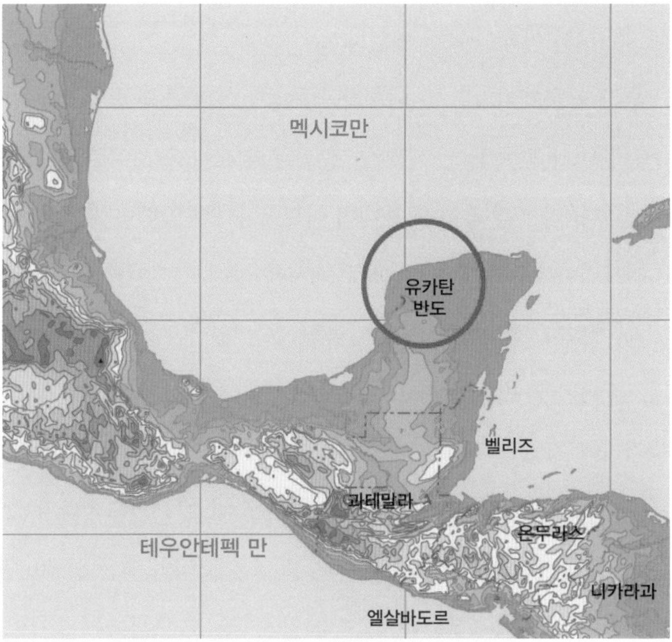

석의 특성을 알 수 있는 두 가지 대표적인 성질은 자기장과 밀도다. 자기장은 철 성분 때문에 나타나는 토양의 성질이고, 밀도는 암석이 크기에 비해 얼마나 무거운지 나타내는 성질이다.

자성 지도magnetism map를 보면 다른 것들과 구별되는, 거대 원형의 비정상적인 암석 조각을 식별할 수 있다. 이 암석의 자기장은 주변 암석과는 다른 방향을 가리키고 있었다. 암석의 밀도를 표시한 중력 지도는 부서진 알사탕처럼 보였다. 밀도가 높은 암석의 바깥쪽 고리는 훨씬 나중에 형성된 세노테 호arc 아래로 곧장 이어졌다.

수백 만 년에 걸친 퇴적으로 형성된 신생 지층의 전체 구조는 약 800미터 아래에 묻혀 있었다.

우주 탐험가이기도 한 아드리아나에게 이런 특징들은 오랜 친구만큼이나 익숙했다. "거대한 충돌구의 모습을 보여주는 좋은 예입니다."라고 갈색 눈을 빛내며 아드리아나가 말했다.

아드리아나는 마음의 눈으로 해저에 묻힌 크레이터를 그려내고자 애썼다. 정확한 크기를 가늠할 수는 없지만 상당히 커 보였다. 1973년에 구두를 신고 베링거 크레이터 가장자리를 발을 절뚝거리며 걸었던 기억을 떠올렸다. 그 당시 그곳을 둘러보는 데 두 시간 가량 걸렸지만 이 괴물에 비하면 바늘구멍에 지나지 않는다. 그녀는 멕시코 크레이터의 가장 넓은 고리의 지름을 180킬로미터 정도로 측정했는데, 그보다 훨씬 클지도 모른다는 생각이

들었다.

베링거 크레이터는 둥근 그릇 모양에 가장자리가 선명하다. 이것은 충돌이 그리 강하지 않았음을 암시한다. 화성에서 보낸 영상을 통해 아드리아나는 거대한 운석은 훨씬 더 큰 힘으로 충돌하기 때문에 멕시코 크레이터처럼 지저분하고 복잡한 크레이터를 만든다는 것을 알고 있었다. 그렇다면 이 크레이터는 언제 어떻게 형성되었을까?

아드리아나는 이 크레이터에 완전히 매료되었다. 그후 몇 달간 그녀는 케빈과 함께 거대하고 신비로운 크레이터의 비밀을 말해 줄 단서들을 조사했다.

충돌의 증거

아드리아나와 케빈은 페멕스가 석유 시추를 위해 지하 구조에 깊은 테스트용 구멍을 뚫었다는 사실을 알게 되었다. 페멕스의 자료를 보니 샘플에 여러 가지 충돌의 단서가 담겨 있었다.

그중 한 가지가 충격 석영shocked quartz의 줄무늬였다. 현미경으로 보면 이 석영에는 강력한 충격파로 생긴 가로선들이 보였다. 서로 교차하는 선들이 세 군데 이상 보이는데, 이것은 소행성이나 혜성이 지구에 충돌할 경우에만 일어나는 현상이다. 화산 폭

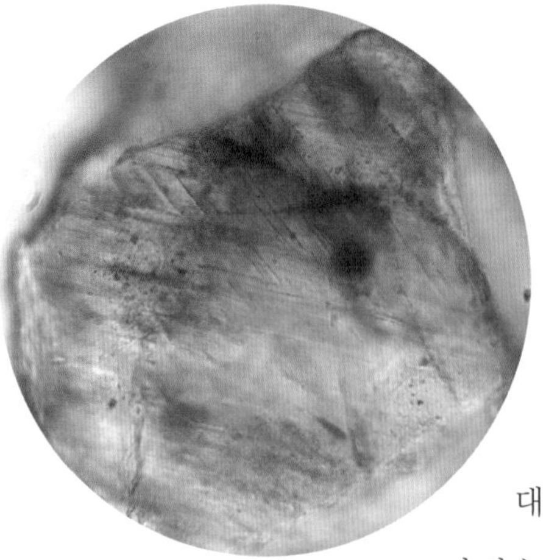

이 석영에서 볼 수 있는 가늘고 어두운 선은 압력의 충격파 때문에 생긴 균열이다. 사진처럼 세 방향으로 교차하는 균열은 소행성이나 혜성이 충돌한 명확한 증거가 된다.

발의 경우, 충돌하는 힘이 상대적으로 약하기 때문에 훨씬 더 단순한 패턴을 만들어낸다.

각력암Breccia은 마치 견과류와 건포도가 박힌 쿠키처럼 크고 모서리가 날카로운 덩어리를 포함한 암석이다. 충격 석영과 마찬가지로 한 가지 방식으로만 형성되지는 않지만 페멕스의 샘플은 충격으로 인한 형성 과정과 부합했다. 세 번째 단서는 텍타이트tektite의 존재다. 텍타이트는 녹아서 대기로 방출되면서 만들어지는 암석이다. 그 파편들이 식으면서 둥글거나 물방울 모양의 유리로 굳어져 넓은 지역에 흩뿌려진다.

아드리아나는 칙술루브 충돌 파편 가운데서 충돌 각력암을 발견했다. 충돌 파편은 운석이 충돌하면서 크레이터에서 직접 떨어져 나온 모든 물질을 일컫는다.

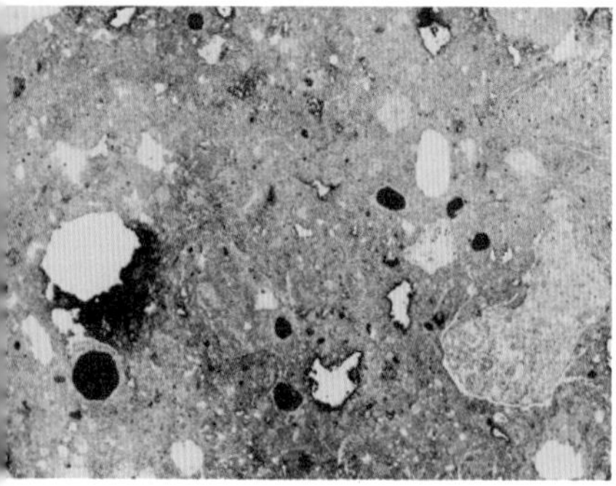

아드리아나와 케빈은 데이터를 수집하다가 이 크레이터의 흔적에 관심을 갖고 있는 다른 과학자들도 알게 되었다. 그들은 북아메리카 여러 지역 크레이터에서 떨어져 나온 '충돌 파편ejecta'으로 이루어진 지

층들을 발견했다. 또한 카리브 해의 일부 섬에서 거대한 해일 파도의 증거도 발견했다.

지질학자 앨런 힐데브란트Alan Hildebrand는 이 재해의 흔적을 따라 그라운드 제로, 즉 충돌 지점으로 거슬러 올라갔다. 운석은 푸에르토 칙술루브라는 멕시코의 한 어촌 마을 가까이에 떨어졌다. ('Chicxulub'는 마야어로 칙슈루브와 칙주루브 중간 정도로 발음한다.)

갑작스러운 충돌

칙술루브 크레이터를 조사한 후에 아드리아나는 충돌 당시의 거대한 폭발 장면을 상상해보았다. 먼저 충돌체, 즉 제트기보다 100배 더 빠른 속도로 떨어지는 불덩어리를 머릿속으로 그려보았다. 크레이터의 크기로 짐작하건대, 지름은 대략 10킬로미터 정도로 추정되었다. 지구에서 가장 높은 산의 높이보다 크다.

혜성이었을까 아니면 소행성이었을까? 궁금했다. 혜성은 더러운 얼음으로 이루어진 가벼운 덩어리인데 비해 소행성은 밀도가 높고 더 느리게 움직이는 암석이지만 둘 다 가능성은 있다. 이 충돌체, 즉 소행성 또는 혜성은 눈 깜짝할 사이에 눈이 멀 정도의 밝은 섬광을 만들어내며 폭발하면서 가스 덩어리가 되어 증발했

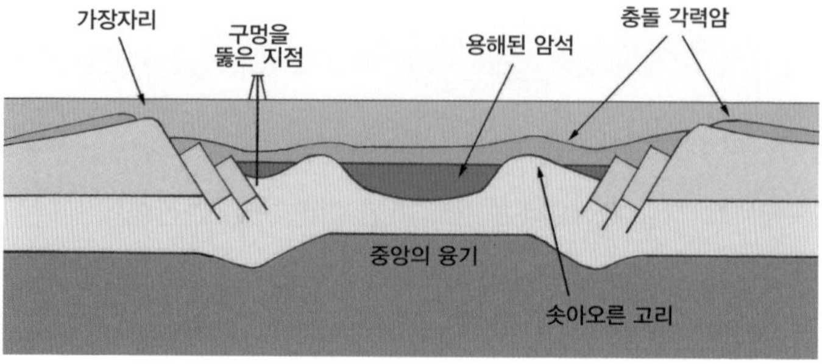

거대한 충돌은 지저분한 크레이터를 만든다. 단순하게 도식화한 측면도는 멕시코 유카탄 반도 아래에 묻힌 것과 같은 복잡한 크레이터의 주요 부분을 보여준다. 중앙의 융기는 충돌 중 요동치면서 내부에 솟아오른 고리(연노란색)를 만들었고 녹은 암석(빨간색)으로 채워졌다. 과학자들은 크레이터의 샘플을 채취하기 위해 800미터를 뚫고 들어가야 했다.

다. 뜨거운 증기가 사방으로 퍼져나갔고 지구 밖의 우주로도 날아갔다. 강력한 폭발 압력으로 생기는 충격파 때문에 크레이터가 만들어졌다.

크레이터의 깊이는 대략 40킬로미터로 지각의 두께와 맞먹는다. 그러나 충돌 때 용해된 암석이 크레이터 측면을 따라 흘러 내려가 바닥을 채웠다.

많은 충격파로 인해 크레이터 중심이 요동쳤고, 녹아내린 암석 웅덩이를 뚫고 20킬로미터 이상 융기했다. 거대한 크레이터들은 가운데가 뾰족하게 솟아오르긴 한다. 하지만 칙술루브는 거대했다. 중력 지도에 따르면, 가운데가 다시 반등하며 뾰족하게 솟은 정상 부분이 없는 내부 고리가 형성되었는데, 이것은 매우 심한 충돌을 암시하는 증거다.

아드리아나의 상상력은 더욱 확장되어 충돌에 뒤따른 전 지구적 재앙까지 그려보기에 이르렀다. 뜨거운 가스 불덩이가 지구 전체를 에워쌌다. 반경 1000킬로미터 이내의 모든 동식물이 충격파로 초토화되었다. 지금까지 발생한 어떤 지진보다 몇 배는 강력한 지진으로 지각이 크게 흔들렸다. 최악의 허리케인보다 더 강한 바람이 충돌 지점에서 발생하여 나무들이 이쑤시개처럼 쓰러졌다. 그로 인해 진공, 즉 공기가 없는 공간이 형성되며 돌풍을 다시 끌어들였다.

아드리아나는 멕시코만을 욕조라 상상했다. 해일이 반복해서 해안가를 휩쓸고 갔다. 충돌할 때 녹으면서 대기 속으로 튕겨져 나온 암석 덩어리들이 넓은 지역에 비처럼 쏟아져 내리며 곳곳에 불을 일으켰다. 숲이 불타올랐고 그을음과 재로 인해 검은 구름이 만들어졌다.

몇 달간 암흑이 이어졌다. 증기 플룸vapor plume에서 발산되는 가스가 태양열을 차단해 대기가 급속히 식어갔다. 장시간 빛이 차단되자 식물들이 죽었고 초식 동물들 역시 사라졌다.

그때의 지구라는 행성은 생명체의 서식지로서 전혀 적합하지 않았다. 아드리아나는 그 불운한 동물들을 잘 알고 있었다. '충돌'을 떠올리자마자 아드리아나의 머릿속에 거대하지만 사라져버린 어떤 크레이터가 떠올랐다.

사라진 크레이터

아드리아나는 월터 앨버레즈Walter Alvarez라는 유명한 지질학자와 친하게 지냈다. 1980년 월터와 그의 아버지 루이스는 대담한 주장으로 과학계를 발칵 뒤집어놓았다. 그들은 6500만 년 전에 소행성이나 혜성이 지구에 충돌했다는 증거를 가지고 있다고 주장했다. 그 이론은 이렇다. 이 충돌 때문에 전 지구적으로 변화가 일어났고 결국 불시에 대멸종mass extinction으로 이어졌다.

우주에서 떨어진 치명적인 운석? 단 한 번의 충돌로 모든 생명을 멸종시킨다? 대부분의 과학자들은 허무맹랑한 주장이라고 비난했다. 하지만 6500만 년 전 백악기Cretaceous Period가 끝날 무렵 대멸종이 있었다는 것은 동의했다. 이때 공룡을 비롯하여 지구상에 살던 종의 절반 이상이 사라졌다.

과학계에서는 선사 시대 생물의 멸종 원인을 가지고 열띤 논쟁이 벌어졌다. 한 세기 동안 과학자들은 대부분 지구 기후의 냉각화 같은 점진적 원인을 지목했다. 그리고 만에 하나, 외계에서 온 거대한 암석이 원인이라면 그때 만들어진 크레이터는 어디에 있느냐며 반박했다. 만약 있다면 매우 거대할 텐데 누구도 본 사람이 없었다. 크레이터 없는 충돌을 입증하는 것은 시체 없이 살인 사건을 증명하는 것과 같았다. 불가능한 건 아니지만, 엄청나게 많은, 덜 직접적인 다른 증거가 필요했다.

1980년대에는 의문의 퇴적암층 연구에 초점이 맞춰졌다. 이탈리아 구비오에서 앨버레즈 팀이 손가락 정도 굵기의 거무스름한 점토층을 발견했는데, 마치 샌드위치처럼 석회암층 사이에 끼어 있었다. 아래쪽의 오래된 석회암층은 공룡이 지구를 지배했던 백악기에 형성된 것이다. 여기에는 유공충이라는 작은 해양 생물을 비롯하여 화석이 풍부했다.

이탈리아 구비오에서 월터 앨버레즈(오른쪽)가 손끝으로 얇고 거무스름한 점토층을 만지고 있다. 이 점토층은 손바닥 밑의 더 오래된 밝은색 백악기 암석과 그의 아버지 루이스가 만지고 있는 역사가 더 짧은 제3기 암석을 나눈다.

거무스름한 점토층 위쪽의 암석층은 제3기Tertiary Period 초에 형성되었다. 유공충이 거의 없으며, 화석 대부분이 현미경으로만 볼 수 있고 일그러져 있었다.

분명한 것은 두 시기 사이에 끔찍한 일이 발생했고, 그 비밀은 거무스름한 점토층 안에 숨어 있었다. 앨버레즈 팀은 점토층에서 이리듐이라는 희귀 금속의 함량이 이례적으로 높다는 것을 발견했다. 이리듐은 대개 철과 니켈로 이루어진 지구의 핵 안에 존재하는 원소다. 그런데 지구 표면에 있는 이 얇은 점토층에 왜 이렇게 이리듐 함량이 높은 것일까? 앨버레즈 팀은 이것이 외계에서 왔다고 판단했다. 이리듐을 함유한 운석이 지구와 충돌해 증발하며 불덩이를 이루었고, 그 입자들이 지표로 쏟아져 내리며 거무스름한 빛깔의 점토 띠를 형성하게 된 것이라고 말이다.

이 점토층은 아래의 '백악기'와 위쪽의 '제3기'의 이름을 딴 'KT 경계'에 자리하고 있다. C는 석탄기Carboniferous Period를 나타내는 이니셜로 이미 사용되기 때문에 백악기를 가리키기 위해서는 K가 사용된다. 전 세계적으로 거의 100개 가까운 KT 경계층이 발견되었다. KT 경계층의 대부분은 네덜란드의 지질학자 얀 스미트Jan Smit가 발견했다. 이들 지역은 충격 석영, 텍타이트, 충돌각력암 등을 함유한다. 심지어 한 곳에는 충돌로 생긴 엄청난 압력으로 인해 탄소에서 바로 생성된 작은 다이아몬드도 존재한다.

1989년에 이르러 소행성이나 혜성이 6500만 년 전에 지구에 충돌했다는 주장은 거의 정설로 받아들여졌다. 아드리아나는 자신이 던진 "그렇다면 그 거대한 크레이터는 어디에 있을까?"라는 질문에 대해 답을 찾았다고 믿었다. 칙술루브Chicxulub 크레이터는 월터 앨버레즈가 '운명의 크레이터'라 불렀던 것과 연령, 크기, 장소까지 모든 조건이 딱 들어맞는 크레이터였다.

크레이터가 맺어준 인연

칙술루브는 아드리아나와 케빈의 인연을 맺어준 크레이터였다.

모든 자료 조사가 끝날 무렵 두 사람은 데이트를 시작했다. 1989년 11월 3일 금요일, 그들은 LA 법원에서 결혼했다. 처가댁에서 조촐한 피로연도 열었다. 다음 날 신혼부부는 아프리카행 비행기에 올랐다.

두 사람 다 현장 조사를 좋아해서 다행이었다. 두 사람의 신혼여행 일정에 현장 조사도 포함되어 있었기 때문이다. 케빈은 케냐에서 과학 프로젝트에 참여해야 했다. 그는 위성 데이터를 이용해 치명적인 질병 리프트밸리열Rift Valley Fever 퇴치 사업을 돕고 있었다. 영상을 보면 질병을 옮기는 모기의 서식지로 어디가 적합한 습지대인지 알 수 있다.

두 사람은 짬을 내어 마사이마라 국립보호구의 세렌게티 평원으로 사파리 여행을 떠났다. 운전사 모지스는 차 안에만 있으면 야생동물들을 가까이서 볼 수 있다고 말했다. “밖으로 나가는 순간 동물들이 달려들어 당신들을 잡아먹을 겁니다.”

얼룩말, 코뿔소, 영양이 소형 버스 근처에서 풀을 뜯고 있었지만 사람들에게는 관심도 두지 않았다. 동물들의 신경은 온통 더 큰 위협에 쏠려 있었다.

“모든 게 평화로웠어요. 배고픈 사자들이 나타나기 전까지는요.” 아드리아나는 이렇게 회상했다.

케냐를 뒤로 하고 아드리아나와 케빈은 아르헨티나로 날아가 연례 SELPER 회의에 참석했고, 아드리아나는 케빈을 친척과 친

누가 '운명의 크레이터'를 발견했을까?

누군가 엄청난 발견을 했을 때 항상 쉽게 인정받는 것은 아니다. 그리고 항상 공정하게 그 공로를 인정하는 것도 아니다.

칙술루브 크레이터를 처음 발견한 사람들은 그것을 찾던 사람들이 아니었다. 1950년대 멕시코 석유 회사 페멕스는 지하 1.6킬로미터 아래에 반쯤 묻힌 거대한 원형 구조를 발견했다. 그러나 누구도 그것이 충돌구라는 사실을 알지 못했다. 관심을 가진 사람도 없었다. 페멕스는 석유 시추에 더 관심이 있었다.

20년 후 페멕스의 두 과학자 안토니오 카마르고Antonio Camargo와 글렌 펜필드Glen Penfield는 옛날 자료 속에서 새로운 실마리를 찾았다. 펜필드는 석유를 찾아 자기장 측정 장비인 자력계를 들고 멕시코만 위를 날았다. 놀랍게도 자력계가 원 모양의 거대한 이상異常 지역, 즉 여타 지역과 다른 한 지점을 가리켰다. 페멕스는 석유를 기대하며 테스트용 구멍을 뚫었고, 석유 대신 충격 석영을 비롯한 충돌구 단서들을 발굴했다.

1981년 페멕스의 과학자들은 충돌구를 발견했다고 발표했다. 언론인 카를로스 바이아스Carlos Byars가 〈휴스턴 크로니클*Houston Chronicle*〉에 기사를 실었지만, 바로 그 충돌구를 찾고 있던 과학자들은 그 기사를 보지 못했다.

1988년 11월, 아드리아나는 SELPER 컨퍼런스에서 발표된 위성사진에서 세노테 고리를 우연히 보게 되었다. 그녀와 케빈은 몇 달간 그들의 과학 보고서를 발표하는 데 주력했다. 〈사이언스*Science*〉는 보고서 게재를 거절했지만, 마침내 1991년에 〈네이처*Nature*〉가 보고서를 싣기로 했다. 그 사이에 지질학자인 앨런 힐데브란트와 윌리엄 보인턴William Boynton이 충돌 파편과 해일 증거를 쫓아 멕시코의 시골 마을, 푸에르토 칙술루브까지 찾았고 그들이 발견한 것을 발표했다.

그렇다면 과연 누구에게 영광을 돌려야 할까? 끝없이 이어지는 속편 영화처럼, 이 크레이터의 발견에는 지질학자, 물리학자, 화학자, 고생물학자(화석 전문가), 식물학자, 생물학자 그리고 퍼즐 조각을 맞추도록 도와준 탐험가 등 수많은 사람이 관여했다.

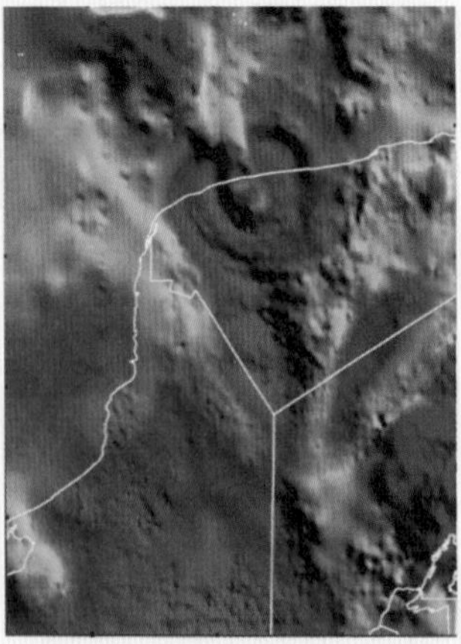

이 중력 지도는 묻힌 암석의 밀도를 자홍색, 파란색(저밀도), 빨간색(고밀도)으로 표현하고 있다. (암석의 밀도가 높을수록 중력도 크다.) 자홍색 원은 칙술루브 크레이터의 저밀도 고리다. 중간의 파란색 부분은 약간 더 밀도가 높은 암석으로, 충돌 당시 녹아서 구멍으로 흘러들어갔다.

구들에게 소개했다. 어떤 부부에게는 따뜻한 기억을 떠오르게 하는 그들만의 노래가 있다. 케빈과 아드리아나에게는 크레이터가 있었다. 1991년 봄, 그들은 칙술루브에서 인생 최고의 과학적 발견과 마주했다.

이렇게 경이로운 곳을 조사하려면

땅 파기, 연구실 작업, 지도 작성, 데이터 검토에

몇 년이 걸릴 것이다.

칙술루브 크레이터는 우주 암석이 지표와 충돌하여 순식간에 생겨난 거대한 구덩이였다. 그 구덩이 안쪽에 있던 지구의 암석에는 무슨 일이 있었던 것일까?

8장

대충돌

아드리아나와 케빈은 둘 다 퍼즐 한 조각을 찾고 나면 더 열심히 다음 조각을 찾고 싶어 했다. 꼬리에 꼬리를 무는 단서들에 이끌려 위성사진에서 본 의문의 고리에서 한 충돌구로, 그리고 운명의 크레이터로……. 와! 저게 뭐지?

'저것'이 무엇이든 한동안 기다려야 했다. 지구에서 가장 큰 충돌구 중 하나를 확인한 뒤라 멈추기가 쉽지는 않았지만, 칙술루브는 땅 속 깊이 묻혀 있었다. 800미터나 되는 암반을 뚫는다는 것은 수백억 달러의 비용을 감당할 수 있는 석유 회사와 큰 대학교에서나 가능한 작업이었다.

1991년 봄, 케빈은 고고학 프로젝트를 위해 유카탄 반도 남쪽에 자리한 벨리즈Belize라는 작은 나라로 가게 되었다. 북동쪽 멕시

칙술루브 크레이터를 조사하던 아드리아나는 엄청난 양의 충돌 파편이 몇 분 안에 320킬로미터 이상을 이동했다는 사실을 알고는 놀라움을 금치 못했다.

코 국경 근처의 어느 습지에서 마야 유적 발굴 작업을 하고 있었다. 당시 아드리아나는 캘리포니아에서 JPL의 마르스 옵서버Mars Observer 팀에서 일하고 있었지만 발사가 연기되어 남편 작업에 합류하기로 결심했다. 진흙 속에서 놀려면 열대의 더위와 모기 정도는 감수해야 했다.

두 과학자는 해변에서 한가롭게 태양을 만끽하는 여행자들이 아니었다. 일요일이면 두 사람은 남들과 조금 다른 방식으로 휴일을 즐겼다. 그들은 KT(백악기–제3기) 경계층을 찾아 나섰다. 습지, 사탕수수, 정글로 가득한 지역에서 노출된 암석을 찾기란 쉽지 않았지만 케빈은 종종 수영을 했던 싱크홀 근처에서 암석 구덩이를 발견했다.

자세히 보기

벨리즈와 멕시코를 가르는 국경은 리오 혼도Rio Hondo강이다. 암석 구덩이는 강과 풀 트라우저 습지Pull Trouser Swamp로 둘러싸인 알비온섬Albion Island에 있었다. 케빈과 아드리아나는 다리를 건너 구덩이 바닥에 차를 주차했다. 사람도 차도 13층 건물 높이의 절벽 앞에 서 있자니 몹시 작아 보였다.

지금까지 측정된 모든 KT 경계층의 노두outcrop, 지표면에 노출된 암반의 일부분는 1인치가 안 되었다. 아드리아나와 케빈은 높은 암석 절벽에 가까이 다가가 면밀히 관찰했다. 아래쪽은 층이 가지런한 석회암으로 이루어져 있었다. 그들은 절벽의 약 4분의 3 정도 지점에서 약 90센티미터 두께의 선명한 주황색 층을 발견했다.

아드리아나는 절벽을 기어올라 지질학자라면 한시도 몸에서 떼놓지 않는 망치를 꺼내 들고 주황색 암석 샘플을 채취하고는 미소를 지었다. 각력암이었다. 석회석 쿠키에 박힌 '견과류와 건포도'는 둥근 모양이었고 유리처럼 매끈했다. 크기는 체리 정도이거나 그보다 작았고 색은 주황색과 핑크색 그리고 흰색이었다.

그녀는 그것을 스페로이드spheroids(작은 공 모양의 물체)라고 불렀다. 주황색 층의 아래쪽에는 반짝거리는 녹색 점토질 스페로이드가 섞여 있었다.

팔짝팔짝 뛰면서 "유레카! 내가 찾아냈어!"라며 외치기는 어렵지 않다. 그러나 단순히 입으로만 떠드는 대신 과학적으로 증명하기란 매우 힘든 일이다. 아드리아나는 이 스페로이드가 칙술루

벨리즈의 알비온섬에서는 건축용으로 퇴적암의 일종인 석회석을 채취한다. 깎아지른 절벽 아래쪽의 트럭이 장난감처럼 보인다.

알비온섬의 암석 구덩이에서 아드리아나는 눈에 띄는 주황색 암석층을 발견했다. 그 위쪽의 암석에는 머드볼이 포함되어 있다.

브에서 여기까지 온 것이 아닐까 의심했다. 다음과 같은 질문도 답해야 했다. 혹시 화산으로 생겨났을 가능성은 없을까? 만약 충돌로 인해 여기까지 날아온 것이라면 칙술루브 크레이터와 나이가 같을까? 즉 6500만 년 전에 형성된 게 맞을까? 아드리아나는 모든 파편이 둥글고 매끈한 것은 아니라는 데 주목했다. 일부는 찌그러지거나 덩어리지거나 거칠거나 울퉁불퉁했다. 어째서 그렇게 된 것일까?

일보 후퇴

아드리아나는 주황색 층 위쪽의 암석을 망치로 깨서 채취했다. 암석 조각, 모래, 진흙이 뒤죽박죽 섞여 단단한 돌로 변해 있었다. 암석 조각은 대부분 균열되었거나 깎인 것처럼 보였고, 마치 보석 가공을 한 듯한 매끈한 절단면이 있었다. 일부 잘 닦인 부분과 둥근 모서리가 있었고, 여러 방향으로 난 홈이 있었다. 아드리아나가 한 덩어리를 깨서 열자 마치 초콜릿에 굴린 견과류처럼 석회석 진흙으로 싸인 암석, 즉 머드볼이 나왔다.

이 모든 특징은 마치 글로 적은 기록처럼 과거에 이 암석에 무슨 일이 일어났는지 알려주었다.

아드리아나의 친구인 월터 앨버레즈는 이렇게 말하곤 한다. "액체와 기체는 잊어버리지만 고체는 기억한다." 아드리아나는 흔적과 흉터를 통해 이 암석들이 심각하고 잔혹한 트라우마를 겪었다는 것을 알아차렸다.

그녀의 상상력은 더욱 대담해졌다. 주황색 암석층과 마찬가지로 이 암석층 역시 크레이터의 충돌 파편이 아닐까? 칙술루브는 이곳에서 360킬로미터 이상 떨어져 있었다! 그녀는 자동차 크기만 한 바위를 응시했다. 그게 가능한 일일까? 그녀는 뒤로 물러서서 좀 더 넓게 보았다. 위쪽의 뒤범벅된 암석층과 그 아래의 주황색 스페로이드 띠는 연속되는 모양을 이루며, 구덩이 벽면을 따라 매우 길쭉하게 이어져 있다.

아드리아나는 심장이 두근거렸다. 혹시 이것이 지금까지 발견된 것 중 가장 두꺼운 KT 경계층이 아닐까? 바로 여기 훤히 드러난 곳에? 그녀는 소리 지르고 싶었지만 흥분하지 말라며 스스로를 진정시켰다. 아드리아나는 뒷받침할 충분한 자료 없이 어떤 과학적 '사

아드리아나는 석회 진흙으로 코팅된 암석, 즉 머드볼과 모서리가 날카로운 돌이 섞여 있는 점토층이 칙술루브 크레이터의 충돌 파편이 아닐까 의심했다. 그녀는 머드볼의 크기를 가늠하기 위해 자 대신 자신의 믿음직한 망치를 옆에 대고 사진을 찍었다.

아드리아나는 알비온섬의 암석 구덩이를 조사해 6500만 년 전에 일어난 일의 실마리를 찾고자 했다. 거의 자동차만 한 크기의 몇몇 암석들은 어떻게 몇 분 만에 멕시코만에서 알비온섬까지 날아왔을까?

실'을 언급할 만큼 바보가 아니었고, 케빈 역시 마찬가지였다.

습지로 돌아가면서 두 사람은 그들 앞에 어떤 일이 기다릴지 알고 있었다. 이렇게 경이로운 곳을 조사하려면 땅 파기, 연구실 작업, 지도 작성, 데이터 검토에 몇 년이 걸릴 것이다.

어떻게 저렇게 되었을까?

1991년부터 1994년까지 케빈은 고고학 발굴 프로젝트에, 아드리아나는 우주 탐사 임무에 참여하면서 틈날 때마다 알비온섬의 암석 구덩이를 찾았다. 두 사람은 월터 앨버레즈와 아드리아나를 가르쳤던 지질학 교수 앨 피셔Al Fischer 등 다른 과학자들과 동행하기도 했다. 피셔 교수는 그들의 결론을 확인해주었다. 이것은 칙술루브의 충돌 파편 중 가장 특이한 것으로, 크레이터에서 떨어져 나온 파편들이 구덩이 주변에 덮개처럼 형성된 '충돌 파편 담요ejecta blanket'의 일부였다.

아드리아나는 당시의 상황을 머릿속으로 그려보았다. 충돌과 폭발, 가스 불덩이 그리고 마치 거대한 총알처럼 크레이터에서 떨어져 나와 날아가는 돌덩어리들이 떠올랐다. 한편, 용해된 암석은 마치 눈사태처럼 땅으로 흘러내렸을 것이다. 암석 조각들이 여기에 떨어져 구르고 긁히고 닦이고 마모되었을 것이다.

아드리아나(오른쪽)와 그녀를 돕기 위해 온 지인들은 위성사진과 지도를 연구하여 충돌 파편을 더 많이 찾으려고 했다. 2001년 마지막 현장 조사까지 행성협회Planetary Society 회원들은 벨리즈와 남부 멕시코에서 6개의 KT 경계층을 찾고 조사하는 과정을 도와주었다.

피셔 교수의 추정에 따르면, 암석이 알비온섬에 도착하기까지 충돌 후 15분에서 18분밖에 걸리지 않았을 것이다. 이는 마치 차 한잔 마실 동안 캔자스시티에서 세인트루이스까지 미주리주를 횡단한 것과 같다.

아드리아나 입장에서는 파고들수록 알아야 할 것 천지였다. 충돌 파편 담요는 벨리즈까지 얼마나 날아왔을까? 이것은 화성 크레이터 주변에 있던 충돌 파편 담요(몇 군데는 꽃잎처럼 돌출부가 있던)와 같은 것일까? 뒤섞인 암석 조각들 밑의 주황색 스페로이드가 자리 잡고 난 다음에 충돌 파편 막이 밀려든 것일까? 그렇게 쑤셔 박힌 이유는 무엇일까?

아드리아나와 케빈은 지질학의 기본 질문 "어떻게 저렇게 되었을까?"에 대한 답을 찾기 위해 현장 조사를 도와줄 조력자들이 필요했다. 현장 조사라고는 하지만, 아드리아나는 이 모험의 참여자들이 자발적으로 동참하고 도와주기 위해 심지어 비용까지 지불하려 한다는 것을 알고 있었다.

행성협회 회원

행성협회는 우주 탐사 활동을 증진시키기 위해 설립된 단체다. 이 단체의 회원들은 NEO(near-Earth objects, 지구 접근 천체), 즉 언젠가 지구를 초토화시킬 수도 있는 우주 암석에 관심이 많다. 아드리아나는 그들이라면 이미 지구를 강타했던 NEO에 대해 알고 싶어 할 거라고 생각했다. 행성협회 회장 루 프리드먼Lou Friedman은 회원들 중에 암석 채취에 관심 있는 사람이 얼마나 되는지 알아보겠다고 했다. 결과는 엄청나게 많았다.

이 단체는 1995년, 1996년, 1998년, 2001년 이렇게 벨리즈에서 네 차례, 그리고 KT 점토층이 위치한 이탈리아 구비오에서 한 차례의 현장 조사 활동을 후원했다. 루 프리드먼은 현장 조사의

왼쪽 사진 : 열대 지역에 위치한 벨리즈는 습지와 삼림 그리고 사탕수수 밭으로 덮여 있고, 푸크의 언덕 Pook's Hill 같은 노두가 있어서 지질학자들이 많이 찾는다. 행성협회 자원봉사자들이 어떤 암석을 찾아야 하는지 교육을 받고 있다.

아래 사진 : 자원봉사자인 샌디 미아레키(오른쪽)는 아드리아나가 10센티미터 간격으로 충돌 파편 샘플을 채취하는 작업을 거들었다. 멕시코 킨타나로오에 있는 이 KT 경계층의 높이는 4층 빌딩 높이에 이른다.

중요성을 잘 알고 있었다. 그는 한 회원에게 이렇게 설명했다. "의혹이 있을 때는 데이터가 모든 것을 말해줍니다. 나가서 데이터를 수집하세요! 그것이 진짜 과학자가 해야 할 일입니다. 아드리아나는 언제나 그럴 준비가 되어 있습니다."

아드리아나와 케빈은 다섯 차례의 현장 조사를 직접 지휘했다. 앨 피셔, 월터 앨버레즈, 얀 스미트 외에도 훌륭한 과학자가 많이 참여했다.

전지구적 재앙의 흔적을 쫓아

지질학자 얀 스미트는 KT(백악기-제3기) 경계층을 전 세계에서 가장 많이 연구해온 사람이다. 월터 앨버레즈와 마찬가지로 1970년대 말에 대멸종의 퍼즐 조각들을 수집하기 시작했다. 그 충돌은 전 지구적 재앙이었고, 한 발 뒤로 물러서서 큰 그림을 보는 것이 이해에 도움이 될 것이다.

얀이 말하길, 전 세계적 관점에서 볼 때 멕시코만에 가까이 갈수록 "분명히 그라운드 제로, 즉 대재앙의 중심에 다가가는 듯한 인상을 받게 된다." 그는 스페인과 덴마크에 있는 KT 경계층을 연구하기 시작했는데, 이들 경계층은 두께가 매우 얇았다.

"모든 것이 단조롭고, 큰 힘이 개입된 것 같지도 않았죠."라고 그는 설명했다. 그런데 미국 서부에서 발견한 경계층이 10배는 더 두꺼웠고 남쪽으로 갈수록 더 두꺼워졌다. 텍사스 브라조스강 근처에서 얀이 발견한 KT 경계층은 두께가 50센티미터나 되는 사암층이었다.

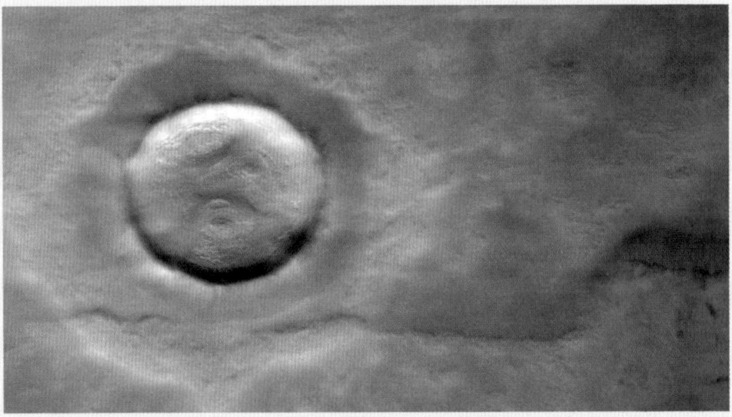

칙술루브처럼 화성의 램파트Rampart 크레이터도 물이 있는 상태에서 형성되었다. 용해된 암석이 액체처럼 표면 위를 흐르는 충돌 파편 담요는 많은 것을 말해주는 실마리다. 충돌 파편의 돌출부는 마치 꽃잎이 겹쳐지듯이 크레이터에서 사방으로 펼쳐진다. 아드리아나가 벨리즈에서 수행한 연구는 화성에서 그 과정이 어떻게 진행되었는지 설명해줄 것이다.

"많은 힘이 가해졌다는 것을 암시하는 첫 번째 징후입니다."라고 얀은 설명했다. "높이가 100미터에 달하는 거대한 파도가 해안을 덮쳤습니다."
더 남쪽의 멕시코에서는 경계층이 더 두꺼워졌고 좀 더 극적인 증거가 나왔다. 얀은 이렇게 설명한다. "갈수록 커지는 에너지 때문에 대륙 주변부 전체가 붕괴되었습니다." 충돌로 인한 지진 때문에 작은 텍타이트가 공중으로 높이 날았고, 텍타이트로 가득한 거대한 돌무더기가 만들어졌다.
"마침내, 이른바 충돌 파편 담요의 첫 번째 흔적들이 벨리즈에서 드러났습니다."라고 얀은 말을 이었다. 멕시코와 달리 벨리즈에는 이곳으로 날아왔거나 쓸려온 거대한 바위들이 있다.
"화성과 그 위성의 사진으로 보건대, 이런 충돌 파편 담요가 크레이터의 반경 두세 배 이상의 거리까지 확장되지 않는다는 것을 알고 있습니다. 그러므로 우리는 마침내 그라운드 제로에 다가가고 있는 거예요."

행성협회 자원봉사자들은 열성적으로 작업에 참여했다. 전투기 조종사인 샌디 미아레키Sandy Miarecki는 이렇게 말했다. “우리는 일벌이었어요. 샘플을 찾아서 땅을 파고, 운반했죠.” 그후에는 과학 토론과 관광, 심지어 장기 자랑도 이어졌다.

‘일벌들’은 알비온섬의 구덩이와 벨리즈 및 남부 멕시코의 다른 여러 KT 노두에서 거의 0.5톤에 달하는 암석 샘플을 채취했다. 과학자들은 데이터를 두고 토론을 벌였다. 얀 스미트와 아드리아나는 주황색 스페로이드 층에 대해 의견을 나누었다. 아드리아나는 그 스페로이드가 가스 불덩이와 함께 떨어져 나와 서서히 움직이는, 암석 조각들을 포함한 액체 막 위를 날았을 것이라 생각했다. 가스 불덩이는 충돌 후 몇 분 내에 알비온섬 위를 통과하며 작은 스페로이드들을 흩뿌렸을 것이다. 그리고 용해된 암석 막이 그 위로 흘러들었다.

푸크의 조약돌

어느 비 오는 밤, 과학자들과 자원봉사자들이 더 많은 KT 경계층을 찾는 동안 리오혼도 카페리가 고장이 났다. 그들은 차를 벨리즈의 수도 벨모판으로 몰고 가 묵을 곳을 찾아야 했다. 어둠 속에서 열악한 도로를 달려가다가 티케틀 빌리지Teakettle Village로

들어서자 '푸크 언덕 오두막Pook's Hill Lodge'이라는 작은 안내판이 보였다. 아드리아나는 그곳으로 가보기로 했다. 꼬불꼬불 이어진 샛길을 따라간 그곳은 마야 산맥 인근의 외진 은신처였다.

아드리아나는 벨리즈와 멕시코 국경의 리오혼도강을 카페리를 타고 건넜다. 그녀는 종종 양쪽에서 크레이터 파편을 우연히 발견했다. 어느 비 오는 날 그녀의 차가 도로에서 미끄러져 진흙에 빠졌는데, 공교롭게도 푸크의 조약돌 노두 옆이었다.

다음 날 아침, 잠에서 깬 아드리아나는 깜짝 놀라고 말았다. 그녀의 눈길을 잡아끈 것은 오두막이 정글 한가운데 있다는 것보다 암석 노두였다. 노두에 포함된 자갈은 마치 해변에서 볼 수 있는 작은 조약돌처럼 둥근 모양에 핑크색을 띠고 매끄러웠다.

어떤 것들은 작은 물체와 고속으로 충돌해서 생긴 구멍, 즉 아주 작고 테두리가 있는 구멍도 있었다. 그녀와 일행은 오두막 이름을 따서 '푸크

오른쪽 사진 : 아드리아나는 푸크 언덕 오두막 근처에서 이상한 자갈 암석층 노두를 발견했다. **아래 사진** : 푸크의 조약돌이라고 이름 붙인 그 암석들에는 아주 작은 구멍이 있었다. 그 조약돌은 칙술루브 충돌 당시 불덩이 안에서 고속으로 이동하던 입자와 충돌해 만들어진 것일까? 흑백 표시는 길이가 1센티미터 정도다.

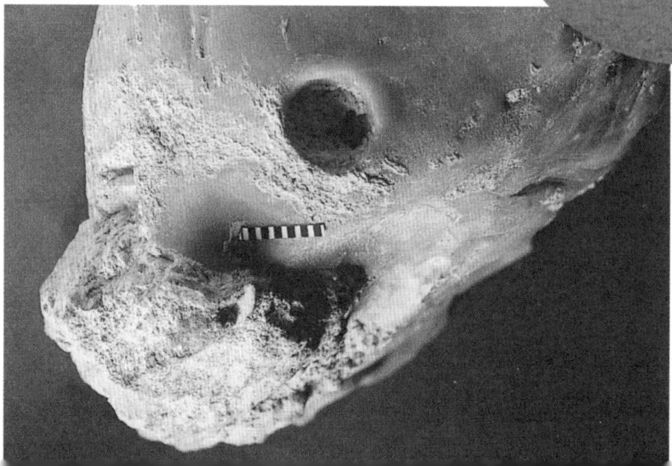

의 조약돌'이라 이름 지었다. 이 암석들은 어디에서 왔을까? 이것도 크레이터의 파편이었을까? 아드리아나는 그렇게 생각했지만 단 하나의 장소만 가지고는 속단할 수 없었다. 다행히 그리 오래 지나지 않아 이번에도 어느 춥고 비오는 날에 우연히 또 다른 노두가 그녀의 눈앞에 나타났다. 이번에는 케빈과 함께 차를 타고 가던 중이었다. 아르메니아 마을에 들어가기 직전 과속방지턱에서 속도를 줄였고 어쩌다 창밖을 바라보게 되었다. 그런데 바로 그곳에 고속도로가 통과할 수 있도록 뚫어놓은 굴이 있었다. 거기에는 크레이터 파편처럼 보이는 크고 다채로운 암석층이 길게 뻗어 있었다. 두 사람은 빗속에서 차에서 내려 밖으로 나가고 싶지 않았고, 특히 몸이 좋지 않았던 아드리아나는 더했지만, 너무 궁금해서 그냥 지나칠 수가 없었다.

충돌 파편의 비밀

아드리아나는 빗속에 서서 가장 오래된 것부터 가장 최근의 것까지 암석층들을 읽었다. 가장 오래된 암석층은 알비온섬의 암석 구덩이와 같은 석회암이었다. 백악기 후기, 공룡들이 여전히 존재하던 시기에 형성된 것이다. 그 위의 층은 선명한 KT 경계층, 급작스러운 스페로이드 변화로 시작되었다. 스페로이드와 맞닿아

아르메니아와 벨리즈의 노동자들이 고속도로 길을 내려고 이 언덕을 파고들어가자 엄청난 크레이터 파편 층이 드러났다. 맨 오른쪽에 있는 지층은 백악기 말기 칙술루브에 충돌이 있기 전에 만들어졌다. 그러고 나서 6500만 년 전에, 걸쭉한 파편 뒤범벅이 날아와 몇 분 만에 쌓였다. 푸크의 조약돌(왼쪽)은 증기 플룸의 일부로 도착한 것일까? 아니면 나중에 만들어진 것일까? 미스터리가 아닐 수 없다.

있는 가장 최근의 암석층은 푸크의 조약돌을 포함하고 있었다.

아드리아나 팀은 칙술루브 크레이터에서 가장 멀리 떨어진 파편을 발견했는데, 그 사실은 의문을 불러일으켰다. 얼마나 많은 물질이 이렇게 멀리까지 날아왔을까? 하나의 아이디어는, 파편이 주요 크레이터에서 오는 것이 아니라 2차 구덩이에서 나온 것이라는 생각이었다. 다른 말로 하면, 칙술루브 충돌이 거대한 바위 덩어리를 폭발시켰는데, 그 바위 덩어리가 날아오르고, 추락하고, 파편 담요로 형성됐다는 것이다. 또 다른 가능성은 가스 불덩어리의 일부로 물질이 이동한 것인데, 이는 다른 파편보다 더 빠르고 멀리 움직였다. 아드리아나는 푸크의 조약돌이 우박처럼 뜨거운 가스 구름에서 비 오듯 쏟아져 내리는 모습을 묘사했다.

캐빈과 얀은 조약돌이 파편이라고 전적으로 확신하는 것은 아니었다. 석회석의 둥근 공 모양이 다른 방식으로 형성될 수도 있기 때문이었다. 예를 들어, 물에 용해된 광물이 침전되어 액체에서 빠져 나와 고체를 형성할 수 있다. 고형물은 파도에 씻기고 다른 암석과 부딪혀 마모되면서 부드럽게 되고 또 둥글어진다.

바뀌고 있는 운명의 그림

캐빈과 아드리아나는 JPL 동료 캐빈 베인스Kevin Baines와 함께 모형을 만들었다. 이 모형은 충돌 이후 일어난 일을 컴퓨터로 계산한 것이었다. 그들이 컴퓨터에 입력한 데이터 중에는 대멸종의 판도를 바꿀 만한 것으로 밝혀지게 될 특별한 것이 있었다. 그것은 어마어마한 양의 유황이었는데, 멕시코 만에 석회암과 함께 매장된 유독 물질이었다.

컴퓨터 작업 결과, 열기와 충격압 때문에 유황과 석회암이 기화되고 엄청난 양의 가스가 대기권 상층으로 유입될 수 있다는 사실을 알게 되었다. 과학자들은 공기 중에 '치명적인' 유황이 너무 많아지는 것이 하늘을 어둡게 만드는 먼지구름이나 그을음보다 공룡에게 닥친 더 심각한 문제였다는 점을 깨달았다. 유황은 수증기와 결합하면 식물에 끔찍한 해가 되는 산성비가 된다. 지구 곳곳에 떨어지는 불덩이에다가 몇 개월 동안 햇빛이 차단되는 것 말고도 산성비까지 내리니 엄청난 대멸종 사태가 벌어지고 만 것이다.

지구의 KT 암석에 기록된 죽음의 재앙을 조사하는 동안, 아드리아나는 JPL에서 생명체가 없는 위성과 행성을 계속 조사했다. 이들 세상에는 정말 생명체가 없었을까? '유로파'라고 이름 붙은 조그만 얼음 위성 같은 경우, 그 대답이 "당연하죠"에서 "아마 아닐걸요"로 바뀌고 있었다.

아드리아나는

유로파 근접 통과를 열 번 이상 시퀀싱했고,

그녀가 촬영한 사진들은

이번 임무에서 가장 놀라운 발견으로 이어졌다.

1989년 아드리아나는 케네디 우주 센터의 발사 장소를 다시 찾았다. 이번에는 아폴로 우주 비행사 대신 갈릴레오라는 이름의 무인 우주선이 우주로 날아올랐다.

9장

다시 찾은 우주

아드리아나 오캄포는 분주하게 살아갔다. 크레이터 파편을 찾아다니는 한편, 우주 탐사선의 전자 눈으로 태양계도 탐사했다. 결국 그녀는 행성지질학자였다.

1980년대 초, 그녀는 보이저 1호와 보이저 2호 운항 팀에서 일했다. 아드리아나는 두 우주 탐사선이 토성을 향해 순조롭게 운항하는 데 힘을 보탰다. 그녀는 고대의 뱃사람처럼 별에 의지해 항로를 찾는다는 게 마음에 들었다.

1984년 아드리아나는 갈릴레오 프로젝트에 합류했다. 목성 탐사선 갈릴레오 호는 그후로 14년간 그녀의 삶을 들락날락했다. 이탈리아의 위대한 과학자 갈릴레오는 1610년에 목성의 가장 큰 위성 네 개를 발견했다. 갈릴레오가 초기 망원경으로 관찰한 위

아드리아나와 그녀의 동료들은 14년이나 걸린 갈릴레오 프로젝트를 진행하던 와중에 하와이에서 잠시 휴식을 취했다.

성은 서로 똑같아 보이는 작은 빛의 점들에 불과했지만, 보이저 호의 탐사 결과에 따르면 그 위성들은 불과 얼음만큼이나 서로 달랐다. 갈릴레오 무인 탐사선은 목성 주위를 공전하며 더 자세하게 목성을 관측할 것이었다.

아드리아나는 갈릴레오 호의 NIMS근적외선컴퓨터분광계, Near-Infrared Mapping Spectrometer 장비 운용에 배치된 40명의 과학자와 엔지니어의 일원이었다. NIMS 카메라는 근적외선을 탐지해서 마치 X선 기계가 피부를 꿰뚫어 보듯이 두꺼운 구름 너머를 자세히 볼 수 있다. 또한 분광계이기도 한 이 장비는 대기나 표면의 화학물질들을 식별한다.

1985년에 갈릴레오 호는 케네디 우주 센터로 운반되었고, 1986년 5월, 우주 왕복선에 실려 발사를 기다렸다. 안타깝게도 그해 이 목성행 우주선은 플로리다를 벗어나지 못했다.

집으로 가는 먼 길

1986년 1월 28일, 갈릴레오 호 이전의 우주 왕복선 발사가 참사로 끝났다. 발사한 지 73초 후에 챌린저 호가 폭발하고 말았다.

아드리아나는 JPL에 도착해서 이 충격적인 소식을 들었다. 곧장 폰 카르만 강당으로 달려가니 충격에 빠진 사람들이 조용히 TV 모니터만 뚫어져라 쳐다보고 있었다. 온 세상의 새들이 노래를 멈춘 것 같았다.

TV에서는 "분명 중대한 오류가 있었다."라고 말했다.

폭발 장면은 끝도 없이 반복해서 재생되었다. 그러다 현실만 남았다. 우주 왕복선 챌린저 호는 없어졌다. 우주 비행사 일곱 명이 챌린저 호와 함께 사라졌다. 아드리아나는 개인적으로 그들을 몰랐지만 다섯 명의 남성과 두 명의 여성은 그녀와 같은 우주 탐험가였다. 아드리아나는 그들에게 동료의식을 느꼈다.

이후의 모든 발사 일정이 중단되었다. 갈릴레오 호의 센토 로켓은 탐사선을 목성까지 추진하기에 충분했지만 왕복선에 싣기에는 너무 위험했다. NASA는 프로젝트 자체를 전면 취소했다. 플로리다에서 7억 달러짜리 기계에서 장비들을 분리해 미국 전역의 제조사와 독일의 제조사로 돌려보냈다. 뼈대만 남은 우주선이 1987년에 캘리포니아로 반송되었는데, 이 장면을 지켜보던 JPL 구성원들은 슬픔에 잠겼다.

갈릴레오 호는 이제 금속 덩어리에 불과했지만 팀은 임무를 포기하지 않았다. 이 탐사선을 우주 왕복선에 실어 안전하게 발사하기 위해 엔지니어들은 센토 로켓을 포기했으며, 갈릴레오 호를 목성으로 보낼 새 방법을 모색했다. 새롭게 설계된 우주선은 금성의 인력과 지구의 인력에 무임승차를 하게 될 것이다. 각 행성

1989년 10월 18일, 우주 왕복선 아틀란티스 호는 갈릴레오 호를 싣고 우주로 향했다.

은 갈릴레오 호를 끌어당겨 속도를 높일 것이며 갈릴레오 호는 행성의 뒤쪽으로 방향을 바꾸었다가 내팽개쳐지듯이 더 빠른 속도로 갈 길을 갈 것이다.

목성으로 향하기 전에 금성과 지구를 지난다는 것은 2년이 아니라 6년이 걸리는 머나먼 경로로 떠난다는 것을 의미한다. 새 발사일은 1989년 가을로 정해졌다.

1989년은 아드리아나 오캄포에게 무척이나 바쁜 한 해였다. 당시 서른네 살이었던 그녀는 캘리포니아 주립대학교 노스리지 캠퍼스에서 지질학 석사 과정을 밟는 중이었다(그녀는 1997년에 석사학위를 받았다). 동시에 아드리아나는 바이킹 이후 미국의 첫 번째 화성 탐사선 마르스 옵서버 프로젝트에도 참여하고 있었다. (안타깝게도 이 우주선은 착륙하다가 충돌했고 아드리아나는 "행성을 공전하기란 매우 어려운 일"이라며 안타까워했다.) 한편 그녀와 케빈은 형편이 될 때마다 벨리즈에서 암석 채취 작업을 계속했다.

그다음이 갈릴레오 호였다. 1989년 10월 18일, 마침내 우주 왕복선 아틀란티스Atlantis 호는 우주선을 싣고 지구를 떠났다.

지구에 생명이 있는가?

그후 10년간, 갈릴레오 호는 몇 차례에 걸쳐 천체들과 조우했고, 그때마다 아드리아나는 JPL의 빌딩 264에서 초과 근무를 했다. 그녀는 과학 코디네이터로서 수많은 시퀀싱 작업, NIMS 카메라를 이용한 촬영 계획을 짰다.

1990년 12월, 그녀는 갈릴레오 호의 지구 근접 통과를 시퀀싱했다. 지구는 이미 많은 위성에서 촬영하고 있지만, 유명한 천문학자 칼 세이건Carl Sagan은 "지구의 생명체를 탐색"해볼 것을 제안했다.

아드리아나는 참신한 아이디어라고 생각했다. 우주에서 보면 지구는 소용돌이치는 흰색 구름에 싸인 푸른 구슬 같다. 상당히 낮은 궤도가 아니면 숲과 도시는 너무 작아서 보이지도 않는다. 아드리아나는 궁금했다. 이미 알고 있는 게 아니라면 저 아래에 생명체가 존재한다고 어떻게 장담할 수 있을까? 우주에서 본다면 생명체의 어떤 징후를 찾아야 할까? 지구의 생명체를 찾으려면 NIMS 카메라는 어디로 향해야 할까?

칼 세이건, 그리고 갈릴레오 팀과 함께 일하면서 아드리아나는 영상 시퀀스 플롯을 계획했다. NIMS는 지구 위 거의 모든 곳에서 바다, 얼음, 수증기 등 물을 많이 포착했다. 그러나 물은 생명체에 꼭 필요하지만 생명체의 존재를 증명하지는 못한다. 대신

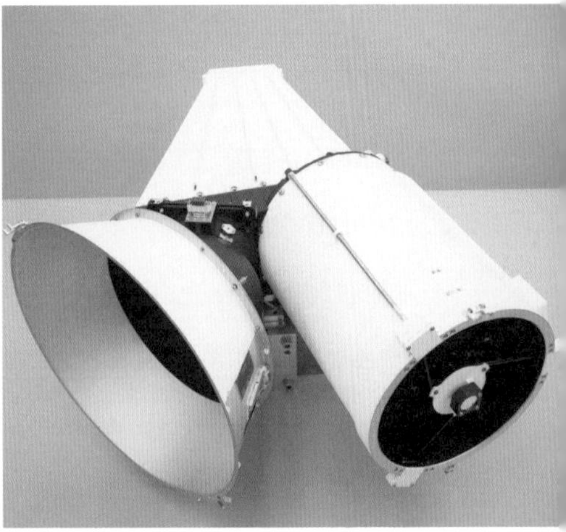

왼쪽 사진 : 아드리아나가 컴퓨터 화면으로 데이터를 모니터하며 갈릴레오 호에 실린 NIMS 장비의 '상태'를 확인하고 있다. **오른쪽 사진** : 무게가 18킬로그램 정도인 NIMS는 작업 수행에 평균 12와트 정도의 전력을 사용한다.

NIMS가 포착한 가장 큰 단서는 기체였다. 그것은 식물이 만들어내는 산소나 동물이 뱉어내는 탄소가 아니었다. 두 기체는 생명체의 존재를 설명하지 못한다. 좀 더 많은 것을 말해주는 기체는 메탄이었다.

메탄은 빠르게 이산화탄소와 물로 분해되는데, NIMS는 대기에 메탄이 엄청나게 많다는 것을 보여주었다. 뭔가가 분해 속도보다 더 빠르게 메탄을 생성하고 있었다.

칼 세이건의 결론은 '생명체'였다. 박테리아가 지구 메탄의 절반 정도를 생성하고, 나머지 대부분은 인간이 농사를 짓고 화석연료를 태우기 때문에 발생한다는 것이다.

1991년 10월, 갈릴레오 호가 소행성을 근접 통과한 첫 번째 우주선이 되면서 JPL에서 아드리아나도 바빠졌다. 그것은 워밍업에 불과했다. 1993년에 갈릴레오 호는 '이다Ida'라는 또 다른 작은 천체를 근접 통과했는데, 이 천체는 그보다 더 작은 위성도 가지고 있었다.

1994년 7월, 아드리아나는 진귀하고 놀라운 우주 현상을 보려고 온 가족을 이끌고 관측소로 향했다. 전 세계에서 몰려온 천문학자들이 한때 슈메이커-레비 9 혜성이었던 천체의 21개 조각들을 추적하고 있었다. (아드리아나의 친구 진 슈메이커와 그의 아내 캐럴린이 혜성 발견을 좋아했다.)

이 혜성 조각들은 목성의 뒤쪽과 충돌할 예정이었고, 우주를 여행 중이던 갈릴레오 호는 그 충돌 장면을 선명하게 포착할 수 있었다. 갈릴레오 호는 5일에 걸쳐 혜성 조각들이 하나씩 차례로 목성의 대기로 사라지며 갈색 증기 구름을 만들어내는 장면들을 촬영했다.

아드리아나는 지구에서 비슷한 충돌이 잇따라 일어난다면 어떨지 궁금했다. 먼 옛날에 있었던 '운명의 크레이터'와 비슷한 사건이 일어날지도 모른다.

마침내 목성

1995년 7월, 갈릴레오 호는 목성 궤도로 들어섰다. 빌딩 264도 분주해졌다. 그중에서도 아드리아나가 가장 일복이 터졌다. 탐사선은 목성의 위성들, 즉 이오, 가니메데, 칼리스토, 유로파를 지나쳐 갈 예정이었다. 아드리아나를 포함해 NIMS의 코디네이터 네 명은 위성을 하나씩 맡아 연구하기로 했다.

한 화가가 상상해 그린 갈릴레오 호의 목성 도착 모습. 파란색 점은 목성 대기에 프로브(탐사선)를 강하시켜 수신한 데이터를 나타낸다. 실제 갈릴레오 호는 주황색 우산이 제대로 펴지지 않아 주 안테나를 사용하지 못했다.

코디네이터 중 한 명인 로잘리 로페스Rosaly Lopes는 브라질 출신의 화산지질학자였다. 1991년에 갈릴레오 팀에 합류한 후로 아드리아나와 가까운 친구가 되었다. 화산 전문가 로잘리는 이오를 선택했다.

갈릴레오 호가 촬영한 이오의 사진. 이 위성의 가장자리에 아주 작고 푸르스름한 얼룩이 보인다. 화산 분출로 인한 가스 플룸이다. 플룸의 높이가 거의 140킬로미터에 이른다.

1979년 보이저 1호의 카메라는 이오에서 화산이 분출하는 모습을 촬영했고, 로잘리는 몇 안 되는 멋진 지점을 찾게 되어 운이 좋았다고 생각했다.

갈릴레오 호의 긴 여정 동안 로잘리는 NIMS를 이용해 71개의 활화산을 발견했고 그중 일부는 지구의 화산보다 더 뜨거운 화산이었다. 이 화려하고 작은 위성은 새 용암으로 끊임없이 자기 모습을 새롭게 단장했다.

"최고의 위성을 찾은 것 같아." 로잘리가 웃으며 말했다.

아드리아나도 같은 생각이었다. 그녀가 유로파를 선택한 것은 얼음으로 이루어진 지각 때문인데, 태양계에서는 독보적인 특징이었다. 보이저 1호가 촬영한 유로파는 흐릿하고 창백한 당구공처럼 생겼다. 매끈한 표면에 검은 사선이 그어져 있어 마치 현대 추상화 같았다.

아드리아나는 갈릴레오 호가 이 신비한 위성에 대해 새 이야기

오른쪽 사진 : 보이저 1호가 촬영한 유로파는 매끈한 흰색 당구공처럼 보인다. 아드리아나는 얼음으로 뒤덮인 표면을 훨씬 세밀하게 볼 수 있게 갈릴레오 호 NIMS 카메라를 프로그래밍했다. **아래 사진** : 1995년 7월에 갈릴레오 호가 탐사선을 목성 대기에 내려보낼 때, 아드리아나는 아버지 빅토르를 JPL로 초대했다. 게시판에 갈릴레오 호의 길고 복잡한 경로가 그려져 있다.

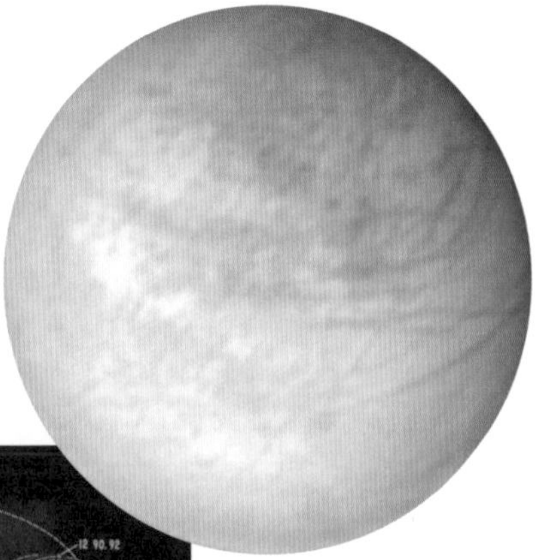

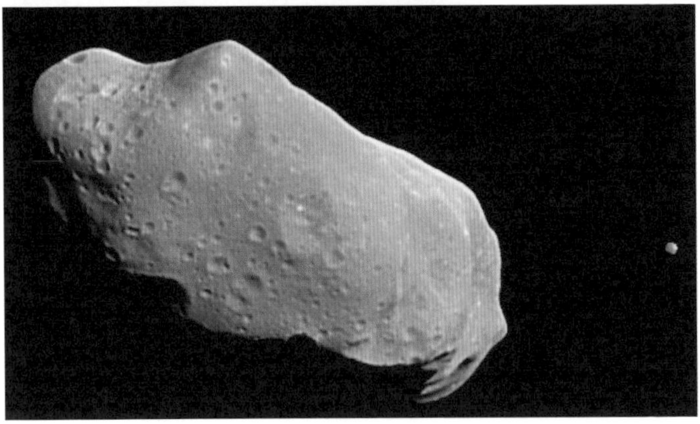

1993년 갈릴레오 호는 화성과 목성 사이의 소행성대를 통과했다. 소행성 이다를 찍은 사진에서 오른쪽의 작고 둥근 물체는 최초로 발견된 소행성의 위성이다. 가로가 160센티미터 정도 매우 작은 위성 댁틸Dactyl은 다른 소행성과의 충돌로 이다의 표면에서 튕겨 나간 것으로 보인다.

를 많이 해줄 것이라 생각했다. 1996년부터 1998년까지 아드리아나는 유로파 근접 통과를 열 번 이상 시퀀싱했고, 그녀가 촬영한 사진들은 이번 임무에서 가장 놀라운 발견으로 이어졌다. 과학자들은 아드리아나가 수년간 시퀀싱한 사진을 분석했다. 아드리아나 역시 행성지질학자로서 유로파의 얼음 표면을 내려다보며 이렇게 묻지 않을 수 없었다. 어떻게 저렇게 된 것일까?

얼음의 세계 그리고 물?

유로파의 얼음 지각은 길고 곧은 해령ridge과 교차하고 일부는 삼중 대역을 이룬다. 한 장소에서 능선들이 사각의 얼음 영역을 넓게 이루고 있어 마치 무채색의 체커판에 그어놓은 선 같았다. 아드리아나는 궁금했다. 이 길고 곧은 해령은 어떻게 생겨났을까? 사각의 얼음은 어떻게 생긴 것일까?

아드리아나는 그 패턴이 바다 위에 떠다니는 극지방의 얼음과 비슷해 보인다고 생각했다. 봄에 빙판이 녹으면 긴 균열이 생기고 빙괴들이 서로 밀치고 부딪히다가 가을이 되면 다시 얼어 하나의 빙판을 형성하지만 매끈하게 연결되지는 않고 가장자리 부분이 해령이 된다. 그러면 유로파의 지각도 한때 바다 위를 떠다니던 '얼음 뗏목'으로 이루어진 것일까?

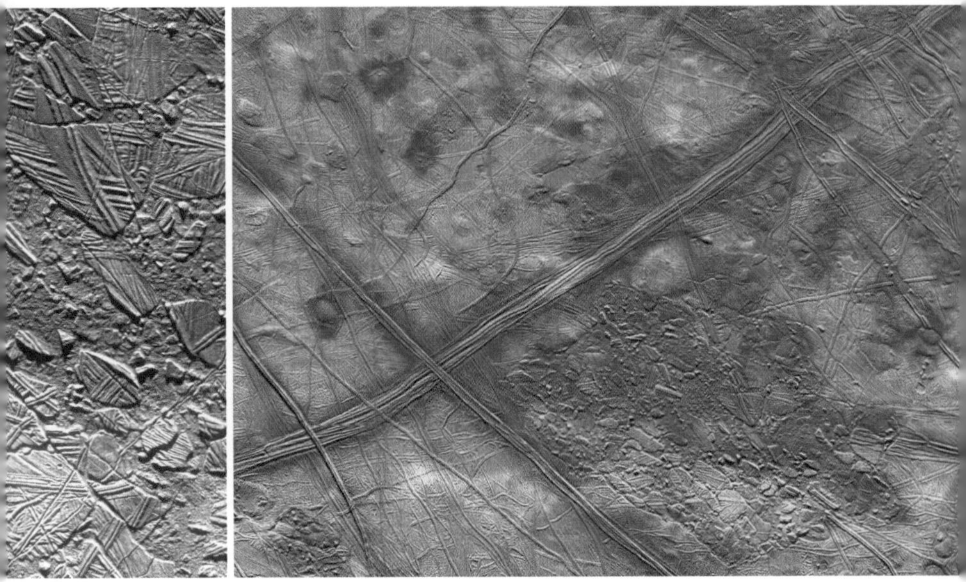

왼쪽 사진 : 유로파의 코나마라 카오스 지역에서 흰색 점은 충돌 중 날아간 얼음 입자들로 이루어진 조각이다. (사진에 보이지 않지만 남쪽에 크레이터가 있다.) **오른쪽 사진** : 갈색 물질은 광물 먼지다. 직사각형의 얼음 뗏목은 완전히 깨졌다가 다시 얼었다.

유로파를 촬영한 사진 중에서 가장 놀라운 것은 코나마라 카오스Conamara Chaos라 불리는 지역이다. 아드리아나는 서로 복잡하게 얽힌 선, 낙서, 흉터, 해령을 연구했다. 표면은 끊긴 데가 없어 보였지만, 아드리아나는 그곳에서 과거에 아마도 갈라져서 떠다녔던 징후들을 발견했다.

몇몇 덩어리는 다시 얼어붙기 전에 물에 떠 있는 동안 반쯤 회전한 것처럼 보였다. 위로 솟구쳐 오른 얼음 절벽은 아마 물 위를 떠다니던 얼음 덩어리들이 서로 충돌하면서 뒤집힌 결과일 것이다. 몇몇 장소는 마치 얼음 위에 물을 뿌려 얼린 매끈한 얼음 연못 같았다.

과거에 바다였음을 입증하는 매우 강력한 증거이지만, 유로파가 여전히 워터 월드일까? 확실한 증거를 얻으려면 누군가 상륙해서 얼음으로 된 지각을 뚫어야 한다. 우주선이 같은 지역 위를 반복해서 비행하며 촬영하는 시간 연구를 통해 다른 증거가 나올 수도 있다. 그러면 과학자들이 각 사진을 비교해서, 떠다니는 얼음처럼 '움직임' 때문에 발생하는 변화를 찾을 수 있다. 이오의 화산 활동은 너무 활발해서 근접 통과 사이사이에 변화가 일어난다. 그러나 유로파의 변화를 감지하려면 갈릴레오 호로부터 얻을 수 있는 것보다 훨씬 더 장기간에 걸친 연구가 필요할 것이다.

탄소에 기반한 생명의 형성

아드리아나는 아서 클라크Arthur C. Clarke의 『스페이스 오디세이Space Odyssey』 시리즈를 읽었다. 작가는 이 소설에서 유로파에 바다가 있고 그 안에 생명체가 사는 것으로 묘사했다. 첫 부분은 허구에서 사실로 바뀌는 것처럼 보였다. 두 번째 부분은 어떨까? 아드리아나는 궁금했다. 유로파의 바다는 한때 생명체를 품었을까? 지금도 생명체가 살고 있을까?

물과 열 그리고 탄소가 있는 곳에서는 살아 있는 유기체가 번성할 수 있다. NIMS가 보낸 사진을 보면 광물로 이루어진 미스터리한 검은 줄기가 있는데, 이 광물은 물에 잠겨 있는 동안 형성된 것이다. 액체 상태의 물이 존재하려면 얼지 않도록 온도를 유지해주는 열이 필요하다.

생명체가 존재하기 위한 세 번째 성분인 탄소는 어떨까? 갈릴레오 호의 장비가 보낸 데이터를 보면, 이 광물의 줄기가 붉은색이나 노란색의 물질로 재색된 흰 소금으로 이루어져 있음을 알 수 있다. 이들 붉은색·노란색 물질은 아마도 이오의 화산에서 분출된 황 분말일 것이다. 어쩌면 탄소-수소와 탄소-질소 화합물을 함유하고 있을지도 모른다.

이 중 어떤 것도 생명체의 증거는 아니지만 유로파에 생명체가 있었다면 지금도 있을 가능성이 크다. 아드리아나는 〈어스스카이 라디오EarthSky Radio〉 기자에게 이렇게 설명했다. "진짜 놀라운 것은 일단 생명이 시작되면 그것을 멈추는 데 엄청난 양의 에너지가 필요하다는 거예요. 생명체를 완전히 멸종시키려면 엄청난 재앙이 있어야 합니다."

갈릴레오 호의 과학자들은 생명체가 그들의 우주선(갈릴레오 호)을 파괴할 가능성이 충분하다고 여겼다. 만약 연료가 바닥나 유로파 위성에 떨어지면 지구의 미생물로 유로파의 표면이 오염되어 앞으로 생명체를 찾는 작업이 어려워지지 않을까 우려했다.

유로파를 오염시키지 않기 위해서, 아드리아나 팀은 2003년에 갈릴레오 호를 자폭시켜서 목성 대기권으로 사라지게 했다.

다음 해에 천문학자들은 조심스럽게 다른 천체의 경로를 추적하기 시작했다. 2004년 9월 29일, 큰 소행성이 빠르게 지구를 향해 다가오고 있다는 기사가 신문 1면을 장식했다.

그녀는 다른 세계에 생명체가 존재한다는 사실을

한 번도 의심해본 적이 없다.

이제 그녀는 다른 세계의 생명체가

어떻게 지구로 올 수 있을지 생각하고 있다.

아드리아나는 과거 충돌의 흔적, 즉 크레이터, 충돌 파편 및 운석(지구에 떨어진 우주 암석)을 찾아 지구를 계속 샅샅이 뒤지고 있다. 심지어 1994년에는 남극까지 여행했다.

10장

"저는 지구인이에요!"

2004년 9월 29일 오전 6시 30분, 아드리아나 오캄포는 JPL 근처 캘리포니아 라캐나다에 위치한 자택에서 곤히 자고 있었다.

한편, 지구 다른 곳의 천문학자들은 잘못 찬 축구공마냥 불안한 움직임으로 빠르게 우주 공간을 날고 있는 NEO(지구 접근 천체)를 면밀히 지켜보고 있었다. 토타티스Toutatis로 알려진 소행성 4179호는 지구를 향하고 있었다. 불덩이, 지진, 해일, 치명적인 파편 소나기, 재로 뒤덮인 우울한 하늘 등 전 지구적 피해가 우려될 만큼 큰 소행성이었다.

지구를 덮칠까? 아니면 피해갈까?

어쩌면 누군가는 토타티스 소행성이 꿈이거나 아드리아나 오캄

어느 화가는 2004년에 지구를 스쳐 지나간 소행성 토타티스에서 본 지구의 모습을 상상했다.

포가 부에노스아이레스에 살 때 지붕 위에서 봤던 '소행성'처럼, 풍부한 상상력이 만들어낸 창조물이라고 생각할지도 모른다. 그러나 이 우주 암석은 실제 암석이었다.

그다음에는 어떻게 될까? 인류는 종말을 맞는 것일까? 이미 알고 있겠지만 우리는 멀쩡하게 살아 있고, 미래의 어느 시점에서 이 책을 읽고 있다. 오전 6시 35분, 소행성은 지구에서 160만 킬로미터 이내로 접근했다가 우주적 관점에서 보면 아슬아슬하게 비켜갔다. 지구는 상처 하나 입지 않았고, 아드리아나를 비롯하여 수많은 사람들이 세상모르고 잘 수 있었다.

토타티스 같은 수많은 NEO가 지구 궤도를 가로지르고 언젠가는 혜성이나 소행성이 다시 지구를 덮치겠지만 아드리아나는 전혀 공포에 떨 필요가 없다는 것을 알고 있었다. '운명의 크레이터'를 만들었던 것과 같은 '슈퍼 우주 암석'과의 충돌은 1억 년에 한 번 일어날 뿐이다.

정밀 망원경으로 NEO를 들여다보는 것도 매우 끌리는 일이었지만, 아드리아나는 천문학자가 아니었다. 그녀는 하늘이 아니라 땅을 조사해서 우주를 탐사하는 행성지질학자였다. 아드리아나의 과학적 관심은 미래의 사건을 예측하기보다는 과거의 사건을 이해하는 데 초점이 맞춰져 있다.

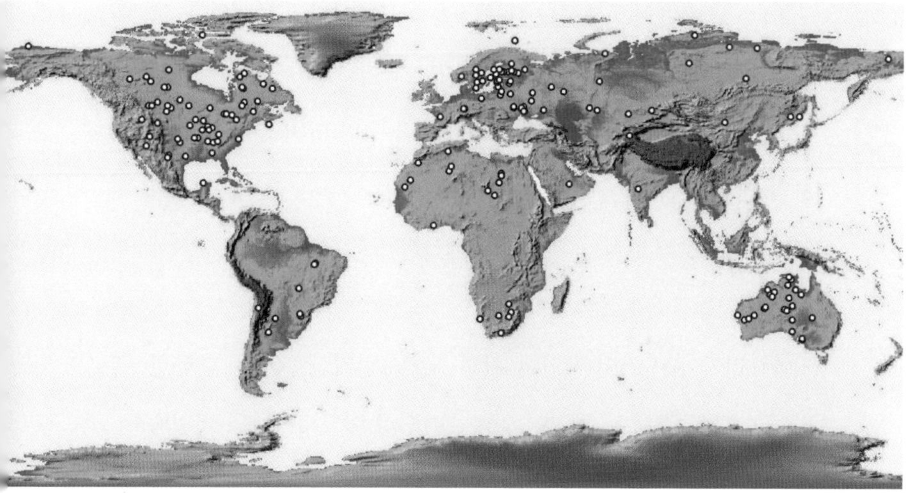

수십 년간 우주 첨단 기술로 지구를 탐색한 끝에, 과학자들은 지구에서 172개의 충돌구를 찾았다.(2004년 11월 기준) 지금도 매년 한두 개씩 발견하고 있지만 결코 쉬운 일은 아니다. 대부분 신생 암석으로 뒤덮이거나 침식되기 때문이다. 칙술루브만큼 거대한 충돌구는 보기 힘들다. 이것은 '종말을 부르는' 우주 암석이 드물다는 뜻이므로 다행스러운 소식이다.

그해 9월의 어느 평범한 날, 아드리아나는 아침에 일어나 자신의 현재를 생각했다.

새로운 모험

아드리아나와 케빈은 이혼했다. 그녀는 국제 우주 프로젝트에 참여하며 전 세계를 돌아다녔다. 2004년 캘리포니아로 다시 돌아온 그녀는 새 사무실, 새 책상 그리고 새 직함과 함께 JPL로 복귀했다. 새로운 프로젝트를 찾는 것은 아드리아나의 몫이었다. 그런 의미에서 NASA 센터는 아드리아나가 어릴 때 어머니 테레사와 방과 후에 즐겁게 참가했던 몬테소리 수업과 비슷하다. 과학자와 엔지니어는 연구 주제와 연구 기간을 정할 수 있다. 포스트 509의 EMC 프로젝트 계획처럼 제안서를 작성하고 프로젝트에 필요한 지원금을 NASA에 요청한다.

아드리아나는 어떤 제안을 할까? 늘 그렇지만 그녀는 다양한 방면의 과학 분야에 관심이 있다. 그 당시 아드리아나의 머릿속은 온통 부에노스아이레스의 지붕에서 싹튼 아이디어로 가득 차 있었다.

아드리아나는 항상 다른 세계에 사는 다른 생명체를 생각해왔다. 그녀는 생명체가 다른 세계에서 지구로 오는 방법에 대해 생각한다. 소행성을 타고 올 수도 있을까?

공상과학소설처럼 들릴지 모르지만 사실은 그렇지 않다. 우주생물학이라는 새로운 과학 분야에서는 이런 가능성을 다룬다. 그 밖의 많은 프로젝트 중에서 아드리아나는 JPL의 생명탐색센터Center for Life Detection의 우주생물학자들과 제안서를 준비하기도 했다.

이 팀에서 아드리아나는 행성지질학자로서 과거 생명체의 존재를 암시하는 실마리를 파헤치는 역할을 맡았다. 예를 들어, 벨리즈에서 발견한 푸크의 조약돌 안에서 작은 화석을 찾았다. 이 조

세계적 모험

1988년 아드리아나는 워싱턴 D.C.에 있는 NASA 본사에 새 직책을 제안했다. 그녀의 목표는 더 많은 나라가 우주 탐사에 참여하도록 만드는 것이었다. 그 계획은 승인되었다. 아드리아나는 프로그램 책임자이자 국제 협력 전문가로서 NASA와 러시아, 러시아어를 사용하는 국가들, 스페인, 포르투갈, 남아메리카 여러 국가와의 교류 사업을 총괄하게 되었다. 이 야심찬 프로젝트에는 대규모 우주 탐사 임무 다섯 건이 포함되었고 예산만 해도 총 3억 9000만 달러에 달했다.

또한 아드리아나는 앨 고어Al Gore 부통령을 비롯한 미국의 주요 지도자들에게 우주 과학 관련 사안에 관해 자문도 했다. 그녀는 미래의 우주 탐사 아이디어와 다른 국가들과의 협력 방안을 제시했다.

2002년 아드리아나는 워싱턴에서 유럽의 네덜란드로 이주했다. 그리고 그곳에서 유럽우주기구에서 추진하는 두 건의 우주 탐사 임무, 즉 마르스 익스프레스Mars Express와 비너스 익스프레스Venus Express에 참여했다. 2004년 여름 마르스 익스프레스가 궤도에 오르자 그녀는 JPL로 돌아와 미래의 우주 탐사 모험을 다시 시작했다.

아드리아나는 이렇게 설명했다. "돌이켜보면 스스로 기회를 만들고 내가 해야 할 일을 직접 제안했을 때 가장 성공적이었어요. 내 자리는 내가 찾아야 해요."

왼쪽 사진 : 2000년 아드리아나는 유럽우주기구의 임무에 참여하기 위해 중앙아시아의 카자흐스탄으로 가서 태양에너지의 효과를 연구했다. **오른쪽 사진** : 2년 후 아드리아나는 다시 네덜란드로 돌아갔다.

과학자의 영적 측면

아드리아나 오캄포는 신을 믿으면서 어떻게 과학도 동시에 믿을 수 있느냐는 질문을 받은 적이 있다. 아드리아나는 좋은 과학자가 되겠다고 신을 믿지 않는 무신론자가 되어야 하는 것은 아니라고 대답했다.

"과학과 종교는 진실을 추구한다는 면에서 유사하지만 과학은 사실에 의존하고 종교는 믿음에 의지합니다. 둘은 서로 다르지만 어느 한 쪽을 선택하기 위해 다른 것을 포기해야 하는 것은 아니에요."

과학자로서 그녀는 "지구 외에도 생명체가 있을까?" 하는 의문을 가질 수 있다. 이 질문에 대답하려면 관찰, 자료 수집, 실험 등을 통해 증거를 찾아야 한다.

신앙인으로서 아드리아나는 "그 어딘가에 생명체가 있을까?"라는 동일한 질문을 다른 방식으로 바라볼 수 있다. 그녀는 "있다"고 믿는다. 아드리아나는 아주 어릴 때부터 부에노스아이레스에 살던 집 지붕 위에서 하늘의 별을 쳐다보며 우주 어딘가에 다른 생명체가 있을 것이라고 믿었다. 그녀의 말에 따르면, 믿음은 사실을 대신하는 게 아니다. 오히려 믿음은 우주에서 '우리 인간이 어떤 자리를 차지하고 있는가'에 관한 사고방식에 더 가깝다.

약돌이 칙술루브 크레이터에서 날아와 충돌 파편의 일부로 떨어진 것이라면 녹아버린 석회암에 화석이 보존되어 있을까? 화성의 충돌 암석에도 화석이 있을까? 아드리아나와 우주생물학자들은 세부 연구 계획을 조율했다.

JPL에 접수된 제안서는 대부분 거부된다. 아드리아나가 한 번에 여러 프로젝트를 준비하는 것은 그런 이유도 있다. NASA의 예산과 인력, 자원을 얻기 위한 경쟁은 치열하다. 그러나 늘 그랬듯이 아드리아나는 또 한 번의 흥미로운 과학적 모험이 곧 시작되리라고 낙관한다.

화성을 주시하는 전자 눈

소행성 토타티스가 무사히 지구를 비껴 갔던 9월의 그 화창한 아침, JPL 주차장에 차를 세우는 아드리아나의 머릿속은 여러 가지 가능성으로 어지러웠다. 보안 검색대를 통과하자마자 그녀는 풀밭에서 쉬는 노새사슴 가족을 주시했다. 생후 두 달 된 얼룩무늬 새끼는 유리와 콘크리트 그리고 철로 만들어진 건물 사이에서 태어났다. 아드리아나는 이 동물들이 이곳에서도 행복할 거라고 생각하며 미소를 지었다.

그녀는 일과를 쪼개 빌딩 183의 사무실과 마르스 오디세이Mars

한 화가가 유럽우주기구의 마르스 익스프레스가 2003년 6월에 지구를 떠나 화성으로 향하는 모습을 그렸다. 화성과 지구는 26개월마다 최단 비행이 가능한 궤도로 정렬된다.

Odyssey 팀의 일원으로 일하는 잔디 건너편 빌딩 264의 스테이션을 오갔다. 그녀는 화성에 유인 우주선을 보내기 위한 임무를 준비하느라 여념이 없었다. 유인 우주선은 화성 표면에서 물의 존재를 조사하게 될 것이다. 물이 풍부한 지역은 미래의 우주 비행사들이 착륙하기에 적합한 지점이다.

아드리아나는 미래의 개척자들, 자신이 그랬던 것처럼 우주 탐험을 꿈꾸는 지금의 어린이들과 십대 청소년들을 생각한다. 그녀는 우주 시대의 여명기, 즉 최초의 위성 및 우주 비행사들을 우주로 쏘아 올려 보내던 시절에 성장했다. 아드리아나는 우리 지구인들이 그 어느 때보다 많은 전자 장비로 화성을 관측하고 있다는 사실이 기쁘고 뿌듯하다. 화성 탐사선 스피릿Spirit과 오퍼튜니티Opportunity는 화성 표면을 돌아다니고 있다. 마르스 오디세이 외에도 유럽우주기구의 마르스 익스프레스와 JPL의 마르스 글로벌 서베이어Mars Global Surveyor라는 두 개의 화성 탐사 궤도선이 더 있다. 네 번째 우주선인 화성 정찰 궤도선Mars Reconnaissance Orbiter뿐 아니라 더 많은 탐사 우주선이 그 뒤를 이을 것이다.

눈 덮인 모스크바에서 아드리아나는 NASA가 미국과 러시아의 공동 우주 탐사 계획을 조율하는 데 일조했다.

많은 프로젝트가 진행되고 있지만 인류가 다른 행성을 탐사하는 것은 이제 시작 단계에 불과하다. 아드리아나는 자신이 그 일에 일익을 담당하는 것이 행운이라고 생각한다.

최초의 민간 우주 왕복선 스페이스십원SpaceShipOne이 발사되는 순간 아드리아나의 머릿속에 전구가 켜졌다. NASA 소속이 아닌 파일럿 한 명을 태운 이 우주 왕복선은 잠깐 동안 우주 비행을 마치고 착륙했으며 선주船主들에게 1000만 달러의 상금을 안겨주었다.

아드리아나는 생각에 잠긴다. 화성 탐사선 만들기 대회를 개최해보면 어떨까? 전 세계 사람들이 주먹 크기 정도의 궤도선인 나노 위성을 제작해서 화성으로 보내는 경진 대회를 개최하는 것이다! 아드리아나는 수많은 작은 전자 눈이 화성 주위를 에워싸는 모습을 상상한다. 빌딩 183에 있는 자신의 사무실에서 아드리아나는 옵션 리스트에 '화성 탐사선 만들기 대회'를 추가한다.

현실적인 목표

아드리아나가 오래전 아르헨티나 시절부터 기록하기 시작한 노트는 이제 컴퓨터 파일로 바뀌었지만, 지금까지 남아 있는 희망이 하나 있다. '우주 비행사'는 40년 이상 그녀의 꿈이었다. 아드리아나는 몇 차례나 신청했지만 선발되지 못했다. 전 세계를 여행하고 나서 그녀에게는 좀 더 현실적 목표가 생겼다.

그녀는 KT 경계층을 탐사하기 위해 고국 아르헨티나로 가는 '행성협회 현지 조사 여행'을 계획했다. 남반구의 KT 경계층 조사를 통해 칙술루브 크레이터의 파편이 어떻게 전 세계에 퍼졌는지 좀 더 자세히 파악하고 싶어서다. 또한 그녀는 여전히 일과 학업을 병행하는 중이다. 조만간 박사학위 취득을 눈앞에 두고 있으며, 그렇게 되면 마침내 '오캄포 박사'라는 호칭을 듣게 될 것이

오른쪽 삽입 사진 : 1998년부터 2002년까지 아드리아나는 워싱턴에 살면서 NASA 본부에서 일했다. 그녀는 바쁜 와중에도 미국 국회의사당 건물을 관광하곤 했다. **위 사진** : 소니아(파란색 옷)와 아드리아나는 어머니 테레사(중간)와 퇴직한 아버지 빅토르와 함께 시간을 보내기도 했다.

다(그녀는 2013년 박사학위를 취득했다).

JPL의 과학자와 엔지니어 절반 이상은 대개 석사나 박사학위를 20~30대에 취득한다. 아드리아나는 십대부터 '박사'들과 함께 일했지만 우주 탐사 프로젝트에 참여하면서 학업을 병행하기란 결코 쉽지 않았다.

마지막 학위를 손에 넣기 위해 아드리아나는 독창적 연구를 기반으로 해서 더 많은 논문을 발표해야 한다. 그녀는 벨리즈에서 발견한 크레이터 파편을 주제로 박사학위 논문을 막 완성했다. 화성의 몇몇 크레이터 주변에도 비슷하게 생긴 꽃잎 모양의 충돌 파편 담요가 있다. 미래의 탐사선과 우주 비행사들이 화성의 크

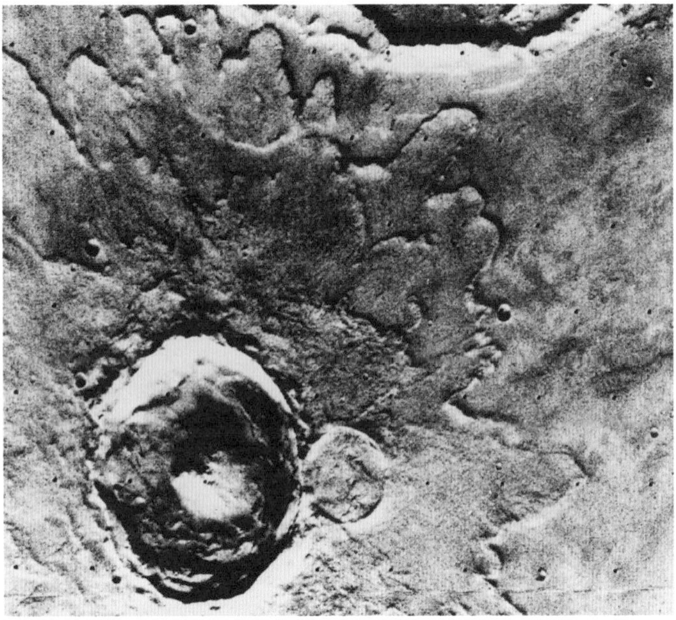

화성의 지각은 단단히 얼어 있어서 액체 상태의 물이 흐르지 못한다. 그런데 유티 크레이터Yuty crater는 유동성 파편이 어떻게 '꽃잎' 모양을 띠게끔 하였을까? 오래전에는 화성이 더 따뜻했을까? 아니면 우주 암석의 충돌로 지표의 얼음이 녹은 것일까? 미래의 화성 탐사선과 로봇 그리고 인간은 조사해야 할 것이 많다.

레이터를 조사할 때, 아드리아나는 자신의 데이터가 그곳에 크레이터가 생긴 이유를 설명하는 데 요긴하게 쓰이기를 기대한다.

아드리아나는 옵션 리스트 맨 위에 이렇게 적었다. '우주 기술을 개발도상국으로 전수하기.' 이 목표는 소니아의 영향도 있다. 아드리아나의 언니 소니아는 더 좋은 세상을 만들겠다는 어린 시절의 소원을 실현하기 위해 평생토록 노력했다. 심리학자 소니아 오캄포는 빈곤 가정의 부모가 자녀를 좀 더 잘 키울 수 있도록 지원하고 있다.

아드리아나의 가장 큰 목표 역시 여러 나라를 돌아다닌 경험에서 나오는 것이었다. 그녀는 전 지구적 문제를 해결하기 위해 유엔에 몇 가지 우주 컨퍼런스를 조직하려는 데도 힘썼다.

과학자들은 위성 사진과 기후 데이터를 이용해, 예컨대 허리케인이나 가뭄을 예측해 인간의 삶을 개선시킬 방안을 논의한다. 아드리아나는 모든 국가가 아무리 가난해도 이런 기술을 이용할 수 있어야 한다고 확신한다.

아드리아나가 평생에 걸쳐 추구했던 목표가 있다. 그것은 그녀가 가는 곳마다 우주와 지질학을 열정적으로 전파하는 전도사 노릇을 하는 것이었다. 아마도 스페인 억양 때문이겠지만, 그녀를 처음 만난 사람들은 종종 어느 나라 사람인지 묻는다. 아드리아나는 콜롬비아에서 태어나 아르헨티나에서 성장하다가 미국 시민이 되었고, 몇 년 동안 유럽에서 살기도 했다. 그러나 전 세계를 누비고 다니는 우주 탐험가인 아드리아나가 그런 질문에 해줄 수 있는 대답은 하나뿐이다. "저는 지구인이에요!"

감사의 말

노력과 끈기를 갖고 항상 꿈을 따라 간 감동적인 이야기를 우리에게 전한 아드리아나 오캄포와 그녀의 가족에게 감사하다는 말을 진하고 싶다. 아드리아나의 많은 친구과 동료들은 호의석으로 인터뷰에 응하거나 그 외 많은 기여를 했다: 월디 앨비레즈, 루 코핑, 에릭 드 종, 리처드 도일, 톰 덕스버리, 패트리시오 피구레도, 루 프리드먼과 그의 행성협회 팀, 마이크 카이저만, 로절리 로페즈, 샌디 미아레키, 스콧 페이스, 케빈 포프, 패트릭 레이어만, 얀 스미트, 빌 스미디, 폴 와이스만 등. 또한 아르헨티나의 새 친구들을 매끄럽게 인터뷰한 진행자에게도 크게 감사한다. 마리아 이사벨 로페스와 가족, 아날리아 고메스 우리아, 세사르 마그리아, 하비에르 판티니와 가족, 세르히오 스틴고와 수사나 기메네즈와 가족, 쿰브레 라디오, 호르헤 칼보와 그의 프로엑토 디노Proyecto Dino 승무원들, 비비 카나타 등. 그리고 원고에 의견을 내준 에이프릴 린 루흐만, 아이린 잉스트, 댄톤 에벨, 원고를 다듬는 데 많은 조언을 해준 교사 루이스 호핑과 학생 컨설턴트 데이비드 비와렉, 브랜든 쿡, 니콜 마샬, 페이지 스탠쿠스에게도 감사의 마음을 전한다.

—로렌

1955 아드리아나 오캄포는 1월 5일, 남아메리카 콜롬비아에서 출생. 위로 언니 소니아가 있다. 오캄포 가족, 아르헨티나 부에노스아이레스로 이사.

1968 아버지 빅토르 오캄포가 일자리를 찾아 미국으로 이주.

1969 오캄포 가족, 캘리포니아 로스앤젤레스에 정착.

1972 우주 탐사 포스트 509Space Exploration Post 509에 참여. 12월에 아폴로 17호의 발사 장면 참관.

1973 사우스패서디나 고등학교를 졸업하고 미우주항공국NASA 산하의 제트추진연구소JPL에서 일하기 시작.

1976 JPL의 바이킹 화성 탐사 프로젝트에 참여.

1977 패서디나 시티 칼리지에서 준準이학사 학위 취득.

1980 보이저 호의 가스상 거대 행성 탐사 프로젝트에 합류. 미국 시민권 취득.

1983 캘리포니아 주립대학교CSULA에서 학사학위 취득.

1984 갈릴레오 호 목성 탐사 프로젝트에 참여. 지구 주위를 도는 위성에서 촬영한 영상들을 처리함.

1986 1월 28일, 우주 왕복선 챌린저 호가 발사 직후 폭발해 탑승한 승무원 전원 사망.

1987 유엔 및 기타 기구를 통해 전 세계 여러 국가에서 우주 탐험을 활성화하기 위한 최초의 행성 과학 워크숍 실시.

1988 한 위성사진에서 세노테(싱크홀)의 고리를 발견. 멕시코 유카탄 반도의 지하에 묻힌 충돌구의 증거로 추정함.

1989 10월 18일, 갈릴레오 호 발사. 아드리아나, 고고학자 케빈 포프

와 11월 3일에 결혼.

1990 우주로 나간 갈릴레오 호가 지구에서 "생명체 발견." 유엔이 개최하는 '미주 우주 컨퍼런스Space Conference of the Americas'의 첫 번째 컨퍼런스를 실시함.

1991 남편 케빈과 함께 벨리즈에서 칙술루브 크레이터의 파편(충돌할 때 떨어져 나온 암석)을 발견함.

1995 크레이터 파편을 조사하기 위해 네 차례에 걸쳐 진행된 행성협회 벨리즈 현장 조사 중 첫 번째 조사 과정을 케빈과 함께 지휘함. 갈릴레오 호가 목성에 도착. 유로파 위성 이미지 촬영을 위해 우주선을 프로그래밍함.

1996 6500만 년 전에 거대한 우주 암석이 지구에 충돌한 사실을 입증하기 위해 진행된 첫 번째 KT(백악기–제3기) 경계층 탐사를 케빈과 함께 지휘함. 이탈리아 구비오에서 현장 조사가 이루어짐.

1997 캘리포니아 주립대학교CSUN에서 지질학 석사학위 취득.

1998 워싱턴 D.C.의 NASA 본부에서 국제 우주 탐사 프로젝트 관리. 아드리아나와 케빈의 별거 시작(나중에 이혼).

2002 네덜란드에 기반을 둔 유럽우주기구의 마르스 익스프레스 탐사 프로젝트에 참여. 잡지 〈디스커버*Discover*〉의 '가장 중요한 여성 과학자 50인' 중 한 명으로 선정됨.

2004 JPL로 돌아와 마르스 오디세이 프로젝트에 합류.

2010 스페인어 교재 『*El Mundo de Copocuqu: La Reina Graredady El Rey Masa*』 출간.

2013 네덜란드 암스테르담 자유대학교에서 박사학위 취득.

2016 NASA 본부에서 과학 프로그램 관리. 현재 우주 탐사 프로젝트에 동참하고, 지질학 현장 조사를 계획 중이며, 여러 과학 연구 제안서를 준비하고 있음.

용어 설명

이 책의 주제는 행성지질학이다. 지질학자는 암석의 특징들을 파악해 과거를 설명해줄 실마리를 찾아내는 과학자다. 그들은 어떤 사건, 힘, 조건들이 작용해 암석이 만들어졌는지, 간단히 말해 암석이 어쩌다 그렇게 되었는지를 연구한다. 지질학geology이라는 용어는 '지구Earth(행성)' 또는 '땅earth(우리 발밑에 있는 영역)'을 뜻하는 그리스어 'geo'에서 유래한다. 'geo'에서 유래하는 단어는 지질학(지구에 대한 연구) 외에도 지리학geography(지구의 지도를 작성하는 학문)과 '지구 측정'을 뜻하는 기하학geometry 등이 있다. 그러나 오늘날과 같은 우주 탐사 시대에 'geo–'는 지구 저 너머로 확장된다. 행성지질학은 행성, 위성, 소행성, 혜성과 기타 우주에 존재하는 고체들을 포함한다. 좀 더 자세한 정보를 알고 싶으면 사전을 참조하기 바란다.

각력암breccia : 입자가 미세한 돌인데, 모서리가 날카로운 광물 덩어리들이 쿠키에 박힌 견과류와 건포도처럼 박혀 있다.
대era : 지질학에서 시작과 끝이 대멸종처럼 화석 기록의 극단적인 변화로 구분되는 기간. 대는 상대적으로 덜 급격한 변화로 시작과 끝이 구분되는 기period로 나눌 수 있다.
무인 우주선robotic spacecraft : 스스로 작동하는 컴퓨터를 통해 프로그래밍된 우주선. 조종사는 없으며 지구에서 인간이 원격으로 제어하지도 않는다. 통제관이 무선으로 기계에 컴퓨터 명령을 전송한다.
밀도density : 물체의 질량을 부피로 나눈 값. 부피는 물체가 차지하는 공간의 양이다. 밀도가 높을수록 물체의 중력도 커진다. 중력 지도는 원격 탐사 장비로 측정한 암석층의 상대 밀도를 보여준다.

백악기Cretaceous period : 약 1억 4400만 년에서 6500만 년 전 사이를 일컫는 시기. 중생대('파충류의 시대') 제3기이자 마지막 시기. 이 시기에 형성된 퇴적암에서 이름이 유래했다.

석회암limestone : 조개껍데기에 풍부한 광물인 탄산칼슘으로 이루어진 퇴적암.

세노테cenote : 담수 싱크홀. 지하의 암석이 산성 성분에 녹아 없어지면 지표면이 아래의 빈 공간으로 내려앉고 여기에 빗물이나 지하수가 채워지면서 만들어진다.

소행성asteroid : 행성의 궤도를 돌지 않는 우주 암석(행성 주위를 궤도를 따라 돈다면 위성이다). 소행성은 '별 모양star-shaped'이라는 뜻이지만, 가장 큰 소행성을 제외한 모든 소행성은 감자처럼 모양이 불규칙하다. 작은 행성이라고도 부른다.

시퀀싱sequencing : 영상을 계속해서 촬영하기 위한 우주선 프로그래밍.

운석meteor **또는 유성**meteorite : 유성meteor은 우주에서 온 암석으로 지구 대기로 들어와 연소하거나 증발(가스로 바뀜)한다. 운석meteorite은 대기 속에서 살아남아 지표면에 착륙한다. 칙술루브 충돌체는 충돌할 때 증발했기 때문에 운석이 아니다.

원격 탐사remote sensing : 장비를 통해 먼 곳의 데이터 수집하는 활동. 눈은 물체에 반사되는 빛을 모으기 때문에 원격 탐지 장치로 볼 수 있다. 원격 탐사 장비는 전자기 에너지(가시광선, 적외선, 엑스선 등), 자기장, 열에너지(열), 중력 등 많은 것을 측정할 수 있다.

위성satellite : 대개 지구를 공전하는 기계를 말한다. 다른 행성을 공전하는 우주선은 궤도선orbiter이라 부른다. 달은 자연 위성이다.

이리듐iridium : 백금platinum과 유사한 금속 원소. 지구에서는 희귀하지만 천체에서는 흔하게 찾아볼 수 있다.

이상anomaly : 정상에서 벗어난, 비정상적인, 불규칙적인, 또는 이상한 것.

자력계magnetometer : 암석의 자기적 성질을 측정하기 위한 원격 탐사 장비.

제3기 Tertiary period : 6500만 년 전부터 160만 년 전까지를 가리키는 기간. 현시대, 즉 신생대('포유 동물의 시대')의 첫 번째 기를 가리키는 원래 이름이다. 현재 지질학자들은 그 시대를 다르게, 즉 고제3기 Paleogene Period부터 시작하는 것으로 구분한다.

추진력propulsion : 물체를 추진하는, 즉 밀어주는 에너지.

충돌구impact crater : 혜성, 소행성 또는 기타 물체가 땅에 충돌할 때 만들어지는 구덩이. 본문에서는 충돌구와 '크레이터(운석구덩이)'가 같은 의미로 쓰인다.

칼데라caldera : 화산 위의 큰 구멍. 충돌구와 비슷해 보이지만 충돌구는 아니다. 화신이 폭발할 때 산 일부가 공기 중으로 떨어져 나가거나, 지하의 마그마(녹은 암석)가 있던 공간이 비었을 때 그 위의 땅이 무너져 내리면서 형성된다.

텍타이트tektites : 원형 또는 물방울 모양의 유리. 녹은 암석이 대기 중으로 날아가 식어서 작은 조각으로 떨어져 내리면서 형성된다.

퇴적암sedimentary rock : 퇴적물(결합이 느슨한 물질)이 압력을 받아 굳어진 무른 암석층.

파편ejecta : 충돌이나 화산 폭발로 인해 땅에서 떨어져 나온 암석. 본문에서는 '충돌 파편' 또는 '파편'이라고 언급했다. 충돌 파편 담요ejecta blanket는 충돌 즉시 충돌구 주변을 둘러싸고 펼쳐지는 '파편으로 이루어진 덮개'를 말한다.

평원planitia : 낮은 평지. 고원은 높은 평지다.

혜성comet : 얼음, 광물, 가스로 이루어진 '더러운 우주 눈덩이'.

KT 경계층KT boundary : 백악기와 제3기 퇴적암 사이의 구분선.

단위 변환

아는 단위	곱하기 숫자	변환할 단위
인치	2.54	센티미터
피트	0.30	미터
야드	0.91	미터
마일	1.61	킬로미터
에이커	0.40	헥타르
파운드	0.45	킬로그램
센티미터	0.39	인치
미터	3.28	피트
미터	1.09	야드
킬로미터	0.62	마일
헥타르	2.47	에이커
킬로그램	2.20	파운드

여성 과학자에 관한 웹사이트인 www.iWASwondering.org를 방문하면 행성지질학자, 기후과학자, 천문학자, 야생생물학자, 로봇 공학자 등 다양한 분야에 몸담고 있는 여성 과학자들의 이야기를 접할 수 있다. 게임을 하고, 만화를 즐기고, 과학자가 되는 연습을 해보길 바란다. 재미있게 노는 동안 이 세상을 바꾼 놀라운 여성 과학자를 만나게 될 것이다.

도서

월터 앨버레즈, 『티렉스와 종말의 크레이터*T. Rex and the Crater of Doom*』 제2판. New York: Vintage, 1998. 과학자 월터 앨버레즈의 팀은 6500만 년 전 대멸종을 초래한 소행성 또는 혜성 충돌의 증거를 발견했다. 직접 체험한 사람의 흥미로운 설명으로 인해 책을 손에서 내려놓기가 어렵다.

윌리엄 하트만William K. Hartmann, 『화성 여행 안내서: 붉은 행성의 신비로운 경관*A Traveler's Guide to Mars: The Mysterious Landscapes of the Red Planet*』 New York: Workman Publishing Company, 2003. 놀랄 만큼 구체적인 화성 표면 사진들을 관찰함으로써 행성지질학 실력을 키워보면 어떨까.

스티븐 N. 코프스Steven N. Koppes, 『우주에서 온 파괴자 암석: 소행성, 혜성 및 운석*Killer Rocks from Outer Space: Asteroids, Comets, and Meteorites*』 Minneapolis: Carolrhoda Books, 2001. 운석과 충돌구를 어떻게 알아보는지, 그리고 과학자들이 미래의 우주 충돌로부터 지구를 지키기

위해 어떤 노력을 하고 있는지 살펴볼 수 있다. 전 세계적으로 분포된 충돌구 위치를 나타낸 지도와 화려한 그래픽과 사진이 가득 실려 있다.

샐리 라이드 Sally Ride**와 탐 오소너시**Tam O'Shaughnessy, **『태양계 탐사** *Exploring Our Solar System*』 **New York: Crown Publishers, 2003.** 미국 최초의 여성 우주 비행사 샐리 라이드와 함께 태양계의 행성으로 신나는 여행을 떠나보면 어떨까. 환상적인 사진과 행성 및 우주 비행에 관한 정보를 통해, 지구와 그 이웃 행성들을 한 번에 하나씩 알아나갈 수 있다.

쥘 베른 Jules Verne, **『지구에서 달까지** *From the Earth to the Moon*』**(1865), 『달나라 탐험** *Around the Moon*』**(1970).** 이 두 권의 공상과학 소설은 온라인(www.literature.org)에서 무료로 읽을 수 있으며 여러 형태의 도서로 출판되었다. 학교나 도서관에서 찾을 수 있다.

브리짓 잔다 Brigitte Zanda, **모니카 로타루**Monica Rotaru, **『운석: 과학과 역사에 미친 영향** *Meteorites: Their Impact on Science and History*』 **Cambridge: Cambridge University Press, 2001.** 우주 암석들은 무엇으로 이루어져 있는지, 충돌할 때 어떤 일이 일어나는지, 충돌구를 어떻게 '파악해야' 하는지, 그 밖에 다양한 궁금증을 풍부한 삽화가 실린 이 책에서 해결할 수 있다.

웹사이트

제트추진연구소 JPL: www.jpl.nasa.gov

바이킹, 보이저, 마르스 오디세이 및 기타 무인 우주선 프로젝트에 관한 자세한 정보를 얻을 수 있다.

나사 NASA: www.nasa.gov

웹사이트 내의 다양한 링크를 통해 흥미로운 끝말잇기 놀이도 즐기고, 우주에 관한 재미있는 사실도 배울 수 있으며, 우주 과학을 주제로 한 다양한 체험 활동도 해볼 수 있다.

행성협회 The Planetary Society: www.planetary.org

이 온라인 학습 센터에서는 태양계와 달 그리고 행성 탐사 프로젝트를 안내하고 로켓 작동 방식을 설명해준다. 목성 탐사선 갈릴레오 호 프로젝트에 참여했던 과학자와 엔지니어의 경험을 통해 실제 우주 탐사 프로젝트에 참여하면 어떨지 상상해볼 수 있다.

포스트 509 : www.post509.org

항공우주공학에 대한 아드리아나의 열정에 불을 지핀 우주 탐사 동호회. 패서디나 지역에 살지 않더라도 매년 열리는 우주 정착지 설계 대회Space Settlement Design Competition에 참가할 수 있다. 고등학생 팀(14세~18세)은 미래 우주 식민지 개척을 위한 구체적인 계획을 세운다.

우주영상센터 Space Imagery Center: www.lpl.arizona.edu/SIC

애리조나 대학교 달 행성 연구소Lunar and Planetary Laboratory에서 운영하는 사이트. 충돌구 사진, 충돌구 세계 지도 등을 제공한다. '지구와 소천체 충돌 시뮬레이터'(www.lpl.arizona.edu/impacteffects)에서 소행성이나 혜성의 크기, 속도, 밀도, 충돌 각도 및 기타 속성들을 입력하면 지구와 충돌했을 때 어떤 일이 일어나는지 알 수 있다.

참고 문헌

이 책을 쓰기 위해 아드리아나 오캄포와 그녀의 가족, 친구 및 동료들과 인터뷰했을 뿐 아니라 여러 책을 읽으며 조사했다. 아드리아나가 조언해준 자료의 일부를 제시한다.

Alvarez, Walter. *T. Rex and the Crater of Doom*. 2d ed. New York: Vintage, 1998.

Anderson, Charlene. "Europa: Layers of Mystery." *The Planetary Report* (September-October 1998).

Biek, Robert F. *Geologic Maps: What Are You Standing On?* Salt Lake City : Utah Geology Survey, 1999.

Courtillot, Vincent. *Evolutionary Catastrophes: The Science of Mass Extinction*. 2d ed. New York: Cambridge University Press, 2002.

Fischer, Daniel. *Mission Jupiter: The Spectacular Journey of the Galileo Spacecraft*. New York: Copernicus Books, 2001.

Frankel, Charles. *The End of the Dinosaurs: Chicxulub Crater and Mass Extinctions*. New York: Cambridge University Press, 1999.

Godwin, Robert, ed. *Mars: The NASA Mission Reports*, Vol. 2. rev. ed. Burlington, Ontario: Apogee Books, 2004.

Hanlon, Michael. *The Worlds of Galileo: The Inside Story of NASA's Mission to Jupiter*. St. Martin's Press, 2001.

Hartmann, William K. *A Traveler's Guide to Mars: The Mysterious Landscapes of the Red Planet*. New York: Workman publishing

Company, 2003.

Hochman, Gary(producer). *Adriana Ocampo: Space Geologist.* Wonderwise: Women in Science Learning Series Multimedia instructional kit. University of Nebraska State Museum and Nebraska 4-H Youth Development.

Jablow, Valerie. "A Tale of Two Rocks.: *Smithsonian.*(April 1998).

Koppes, Clayton R. *JPL and the American Space Program: A History of the Jet Propulsion Laboratory.* New Haven, CT: Yale University Press, 1982.

Lewis, John S. *Rain of Iron and Ice: The Very Real Threat of Comet and Asteroid Bombardment.* Reading, MA: Addison-Wesley, 1996.

Powell, James L. *Night Comes to the Cretaceous: Dinosaur Extincktion and the Tranformation of Modern Geoloty.* New York: W. H. Freeman, 1998.

Schenk, Paul. "Oceans, Ice Shells, and Life on Europa." *The Planetary Report*(November-December 2002).

Steel, Cuncan. *Rogue Asteroids and Doomsday Comets: The Search for the Million Megaton Menace that Threatens Life on Earth.* New York: Wiley, 1995.

시리즈 자문위원회

이 시리즈를 기획하고 발전시키는 데 수많은 훌륭한 분들이 시간을 내주고 조언해주었다. 시간과 재능을 나누어준 다음 분들에게 감사드린다.

〈전문가 자문단〉

맥신 싱어 Maxine Singer(자문단 위원장) 생화학자. 워싱턴가네기협회 전 회장.

새러 리 슈프 Sara Lee Schupf 새러리 기업Sara Lee Corporation의 수장으로 과학계 여성의 헌신적인 지지자.

브루스 앨버츠 Bruce Alberts 분자세포생명과학자. 미국 국립과학원 회장, 미국 연구위원회 회장(1993~2005).

메이 베렌바움 May Berenbaum 곤충학자. 일리노이 대학교(어배나, 섐페인) 곤충학과 학과장.

리타 R. 콜웰 Rita R. Colwell 미생물학자. 메릴랜드 대학교 및 존스홉킨스 대학교 석좌교수. 미국 국립과학재단 전 이사장.

크리슈나 포스터 Krishna Foster 캘리포니아 주립대학교(로스앤젤레스) 화학·생화학학과 조교수.

앨런 J. 프리드먼 Alan J. Friedman 물리학자. 뉴욕과학관 관장.

토비 혼 Toby Horn 생명과학자. 워싱턴 카네기협회의 과학교육 카네기 아카데미 공동 소장.

셜리 잭슨 Shirley Jackson 물리학자. 렌셀러 폴리테크닉 연구소 소장.

제인 버틀러 케일 Jane Butler Kahle 생명과학자. 마이애미 대학교(옥스퍼드, 오하이오) 과학교육학과 교수.

바브 랭그리지 Barb Langridge 하워드 카운티 도서관 어린이 전문가. WBAL-TV 어린이 도서 평론가.

제인 루브첸코 Jane Lubchenco 오리건 주립대학교 해양생물학과 동물학 교수. 국제과학협의회 회장.

프레마 마타이-데이비스 Prema Mathai-Davis 미국 YMCA 전 회장.

마르시아 맥너트 Marcia McNutt 지구물리학자. 몬터레이만 아쿠아리움 연구소 소장.

팻 스캘스 Pat Scales 사우스 캐롤라이나 예술인문 거버너스 스쿨 도서관 서비스 회장.

수전 솔로몬 Susan Solomon 대기화학자. 미국 국립해양대기청 초고층 대기 물리학 연구소의 원로 과학자.

셜리 틸먼 Shirley Tilghman 분자생명과학자. 프린스턴 대학교 총장

게리 휠러 Gerry Wheeler 물리학자. 국립과학교사협회 전무이사.

〈도서관 자문단〉

미국 전역의 많은 학교와 공공 도서관이 샘플 디자인과 본문을 친절하게 검토해주었고, 책의 포맷에 관한 질문에 답해주었으며, 책을 발간하는 동안 계속해서 전문적인 자문을 해주었다.

배리 M. 비숍 Barry M. Bishop 도서관 정보 서비스 팀장, 스프링 브랜치 교육청(휴스턴, 텍사스)

대니타 에스트먼 Danita Eastman 어린이 책 평가사, 로스앤젤레스 카운티 공공 도서관(다우니, 캘리포니아)

마사 에드먼드선 Martha Dedmundson 도서관 서비스 코디네이터, 덴튼 공공 도서관(덴튼, 텍사스)

달시 페어 Darcy Fair 어린이 서비스 매니저, 벅스 카운티 도서관(야들리, 펜실베이니아)

캐슬린 핸리 Kathleen Hanley 스쿨 미디어 전문가, 코맥 로드 초등학교, (아이슬립, 뉴욕)

에이미 라우티트 존슨 Amy Louttit Johnson 도서관 프로그램 전문가, 플로리다 주립 도서관 및 기록 보관소(탤러해시, 플로리다)

매리 스탠턴 Mary Stanton 청소년 전문가, 자료 선정 사무국, 휴스턴 공공 도서관(휴스턴, 텍사스)

브랜다 G. 툴 Brenda G. Toole 교육 미디어 서비스 감독관(파나마시티, 플로리다)

〈학생 자문단〉

이 시리즈를 비평하고 평가함으로써 도움을 준 다음 학교와 기관의 학생들에게 감사드린다. 디자인과 이야기 진행에 관한 피드백(개선을 위한 정보나 의견)이 본 프로젝트를 진행하는 데 지대한 영향을 미쳤다.

아그네스 어윈 스쿨(로즈먼트, 펜실베이니아)
라콜리나 중학교(샌타바버라, 캘리포니아)
하커데이 스쿨(댈러스, 텍사스)
중부 메릴랜드 걸스카우트, 주니어 걸스카우트 지구대 #545
중부 메릴랜드 걸스카우트, 주니어 걸스카우트 지구대 #212

도판의 출처

9 Gary Hochman for Wonderwise, a project of the University of Nebraska State Museum–Judy Diamond, Project Director; 14 Courtesy Ocampo–Uria family; 15 © Lester V. Bergman/Corbis; 19, 20 Courtesy Ocampo–Uria family; 22 NASA; 23 Courtesy David DeVorkin; 26, 28, 32(위) Courtesy Ocampo–Uria family; (아래) © Tania Midgley/Corbis; 34 Courtesy Ocampo–Uria family; 36 Courtesy Maria Isabel Lopez; 37(아래) Courtesy Ocampo–Uria family; 39 Courtesy Maria Isabel Lopez; 43, 44(아래) NASA; (위) Joan Mathys; 48 NASA; 52 Mike Kaiserman; 53 Courtesy Sonia Ocampo; 55 Courtesy Ocampo–Uria family; 57 NASA/JPL; 58 Courtesy NASA/JPL–Caltech; 60 NASA/JPL; 62 Mike Kaiserman; 64 NASA; 66 Courtesy Ocampo–Uria family; 70, 73 Patrick Rayermann; 74(왼쪽) Mike Kaiserman; 74(오른쪽) 75, 77, 78 Patrick Rayermann; 81 Mike Kaiserman; 84, 89, 90 NASA/JPL; 92 Image created by Dr. Edwin V. Bell, National Space Science Data Center/NASA; 96, 97, 100 NASA/JPL; 102 © Craig Aurness/Corbis; 106 Mike Kaiserman; 107 © Craig Aurness/Corbis; 109 Courtesy Robert F. Biek, Utah Geological Survey; 110 Mike Kaiserman; 111(위) D. Roddy, USGS; (아래) USGS; 116 Courtesy Natural Resources Canada; 120 Sandy Miarecki; 126 David A Kring, NASA/University of Arizona Space Imagery Center; 129 Courtesy Lawrence Berkeley National Lab; 132 Courtesy V.L. Sharpton/Lunar and Planetary Institute; 134 Courtesy Lu Coffing, The Planetary Society; 139, 140 Sandy Miarecki; 143 Reuben Johnson; 145 Sandy Miarecki; 146 NASA/JPL; 149(가운데) Sandy Miarecki; 162(왼쪽) NASA/JPL; (오른쪽) Courtesy Adriana Ocampo/JPL; 164 NASA; 165 University of Arizona/LPL; 166(위) NASA/JPL; (아래) USGS; 168 Planetary Image Research Laboratory/University of Arizona; 176 NASA/JPL; 177 Courtesy Planetary and Space Science Centre, University of New Brunswick, Canada; 182 ESA–D. DUCROS; 186 NASA/JPL

거침없이 도전한 여성 과학자 05
우주에서 온 암석 : 행성지질학자 아드리아나 오캄포

1판 1쇄 2017년 10월 20일
1판 2쇄 2018년 5월 23일

글쓴이 로렌 진 호핑
기획 한국여성과총 교육홍보출판위원회
옮긴이 한국여성과총 교육홍보출판위원회
강인숙 권오남 김인선 남영미 박진아 변인경 여의주 이숙경 이종은 조성경 최영림 홍은주
펴낸이 김정순
편집 허영수 주이상
디자인 김진영 모희정
마케팅 김보미 임정진 전선경
펴낸곳 (주)북하우스 퍼블리셔스
출판등록 1997년 9월 23일 제406-2003-055호
주소 04043 서울시 마포구 양화로 12길 16-9(서교동 북앤빌딩)
전자우편 henamu@hotmail.com
홈페이지 www.bookhouse.co.kr
전화번호 02-3144-3123
팩스 02-3144-3121

ISBN 978-89-5605-817-7 04400
978-89-5605-777-4 (세트)

* 본 출간 사업은 과학기술진흥기금 및 복권기금의 지원을 받아 진행되었습니다.

이 도서의 국립중앙도서관 출판시도서목록(CIP)은 서지정보유통지원시스템 홈페이지(http://seoji.nl.go.kr)와 국가자료공동목록시스템(http://www.nl.go.kr/kolisnet)에서 이용하실 수 있습니다.(CIP제어번호: CIP2017024685)